佛说，你无法真正占有一个人

吴九箴——著
WU JIUZHEN

北京时代华文书局

图书在版编目（CIP）数据

佛说，你无法真正占有一个人 / 吴九箴著 . -- 北京 : 北京时代华文书局， 2016.10
ISBN 978-7-5699-1203-6

Ⅰ . ①佛… Ⅱ . ①吴… Ⅲ . ①人生哲学－通俗读物 Ⅳ . ① B821-49

中国版本图书馆 CIP 数据核字 (2016) 第 222104 号

本著作通过四川一览文化传播广告有限公司代理
由人本自然授权简体字版
著作权合同登记号图字：01-2015-1776

佛说，你无法真正占有一个人
Foshuo Ni Wufa Zhenzheng Zhanyou Yigeren

著　　者 | 吴九箴

出 版 人 | 王训海
选题策划 | 高　磊
责任编辑 | 余　玲　高　磊
装帧设计 | 天行健设计 QQ1156584786
封面插画 | 空　羽
责任印制 | 刘　银　范玉洁

出版发行 | 北京时代华文书局 http://www.bjsdsj.com.cn
北京市东城区安定门外大街 136 号皇城国际大厦 A 座 8 楼
邮编：100011　电话：010-64267955　64267677
印　　刷 | 北京卡乐富印刷有限公司　64267397
（如发现印装质量问题，请与印刷厂联系调换）
开　　本 | 880mm×1230mm　1/32　　印　　张 | 6　　字　　数 | 123 千字
版　　次 | 2017 年 3 月第 1 版　　印　　次 | 2017 年 3 月第 1 次印刷
书　　号 | ISBN 978-7-5699-1203-6
定　　价 | 38. 00 元

C O N T E N T S

目 录

第一篇
只有你自己觉得苦，才是真的苦

第二篇

其实，根本没有人背叛你或欺骗你

第三篇

佛说，你无法真正占有任何人，包括你自己

自序
自欺，是一颗不停再生的黑痣

有个女孩，突然间鼻头长了一颗黑痣，她害怕自己帅气的男友发现，偷偷地去找医生把痣挖掉。

奇怪的是，不到半年，黑痣又在同样地方长出来。

她只好不停地找医生挖黑痣。

尽管痛苦，但她心甘情愿，因为她每次带帅气男友回家或和友人聚会，听着大家对男友的赞美，就算整个鼻子被挖掉，她也不在意。

然而，当她在夜深人静时，望着男友熟睡的俊俏脸庞，就不禁一直想起自己鼻头那颗即将再长出来的黑痣。

那种忧心和无奈，就像男友总会在人后对她拳打脚踢那样，带有一种被诅咒的意味。

每次男友把她打得脸上都是淤青，她总告诉自己，他只是暂时的情绪失控，他是爱她的，等他再成熟点，情况就会好转。

这种自欺心情，在她鼻头的痣被挖掉时，也会从内心深处涌上来吞没

世上最可怕的，不是人不是鬼，而是你自己的妄想。

她。她总会问医生，这次挖掉，就不会再长出来了吧？

然而，不管医生如何保证，黑痣还是会再回来，出现在同样地方。这种被诅咒的轮回，到底要到什么时候才能解脱？

当她发现，这次是鼻梁被打断时，她只能在内心问自己。

不幸的是，因为她鼻梁断裂，黑痣又刚好长出来，无法动手术挖除，她男友终于看见那颗像老巫婆鼻头上的丑陋东西，吓得人间蒸发。

幸运的是，她终于失去了他，却找回自己，停止了被诅咒的轮回。

更奇怪的是，自从男友离开，她鼻头的黑痣却自己消失，再也没长回来。

或许，那颗黑痣，是她内心深处投射出来，要帮自己从自欺囚牢中，解脱出来的一种力量。

世上最可怕的，不是人不是鬼，而是你自己的妄想。

当你欺骗自己一万零八次后，死前唯一该做的，就是每天在镜子前，花九十秒看清自己的真面目。

自欺不是坏事，然而，年近四十的朋友，应该都会发现，年纪愈大，自欺的成本愈高，苦也多于乐。

四十岁前，学会如何从自欺解脱，四十岁后，你才能享受到，那个和自己真面目相处的平静和自在。

本书是从笔者2006年出版的作品：《其实，佛不是佛，你也不是你》，修订增篇而来的。

尽管旧作早在几年前就绝版，但仍有不少朋友询问此书下落，我想，八年后应该是此书再面世的时刻。

自欺，是一颗不停再生的黑痣，不停地从我们内心钻出，腐败。

这个实相，过去千年不变，未来也不会变。

自欺愈深的人，愈无法平静和喜乐。

这是佛陀在许多经典中，一再强调的实相。妄想着永远占有某个人，或妄想全世界的人都喜欢你，妄想青春永驻，这些都是让人陷在苦牢的枷锁，也是我们看不见的黑痣。

所有的恶痣，都反映着内在的苦。

希望笔者这本重新问世的作品，可以协助你做内在的排毒，让你可以全然享受内心的清静和纯净。

第一篇

只有你自己觉得苦，才是真的苦

01 你无法真正占有一个人

几千年来，佛陀在许多经典或谈话中，一再提醒众生，活在这世上，你无法真正占有一个人，包括所有你爱的人：先生、太太、小孩或父母家人，甚至你自己。

很多人迷信多子多孙才是福，老来才有依靠，但太多新闻告诉我们，很多人老了，子孙为了分家产，反而让他生不如死，死了还无法入土为安。

现实也告诉我们，养儿不能防老，而是在还债，譬如：儿子偷家中的铁门卖钱；偕同学自导绑架案骗父母的钱还信用卡债；父亲不愿出钱买汽车，愤而拿刀杀父；女儿生子弃之不养，行动不便的老母亲还要靠捡废品养活孙子。

有些人认为结了婚就代表找到铁饭碗，老了也有个伴儿可以互相照顾，可是往往结局并非如此，例如：丈夫在外赌博欠债，妻子必须上街卖玉兰花，辛苦帮忙还债；夫妻间发生口角，老婆就引爆瓦斯自杀；为诈领保险金，设计杀害妻子……

打从一出生，我们的双手就握得紧紧的，好像深知自己会失去什么，所以一生当中，能抓的就抓，尤其是对人，因我们孤独而生，害怕此生也孤单的活着，因此想尽办法抓住可以陪伴自己到老死的人。

有些人结婚，只是为了找个人陪伴自己，而生子只是为了传宗接代。

当你有了一家人后，你的无明就会将每个人贴上标签，注明“我的”。贴上了标签，似乎像吃了定心丸，你是我的丈夫、妻子、小孩，就会和我在一起、照顾我、听我的话。

然而，往往这份你认为的安心，只是梦幻泡影，风一吹，因缘一到，标签就被吹掉了，人也散了，最终还是得孤独一人。

连我们的身体，也只是假有的状态，如佛典故事中所说：弥兰陀王非常尊敬有过禅悟的那先比丘。有一天，弥兰陀王向那先比丘问道：“眼睛是你吗？”

那先比丘笑笑，回答：“不是！”弥兰陀王再问：“耳朵是你吗？”

那先比丘再回答：“不是！”

“鼻子是你吗？”

“不是！”

“舌头是你吗？”

“不是！”

“那么，真正的你就只有身体了？”

“不，色身只是假合的存在。”

“那么‘意’，是真正的你？”

“也不是！”

弥兰陀王经过这些问答，最后问道：“既然眼、耳、鼻、舌、身、意都不是你，那么你在哪里？”

那先比丘微微一笑，反问道：“窗子是房子吗？”弥兰陀王一愣，勉强回答：“不是！”

“门是房子吗？”

“不是！”

“砖、瓦是房子吗？”

“不是！”

“那么，床椅、梁柱才是房子吗？”

“也不是！”

那先比丘悠然一笑道：“既然窗、门、砖、瓦、梁柱、床椅都不是房子，也不能代表这个房子，那么，房子在哪里？”

弥兰陀王恍然大悟。

弥兰陀王悟出“缘起性空”的道理，山河大地，宇宙万物，甚至自己的身体，都只是因缘和合而存在，世间没有单独存在的东西，一切皆因缘而生，因缘而灭。

据说，我们会出生在人间是随业而来，也就是说上辈子你和谁有过对应关系，你挂在心中忘不掉，在这一世那些人还会出现在你面前，只是人有隔阴之谜，总是会忘掉上辈子的事情。

因此，当人们转来这世后，继续玩角色扮演的游戏，今生你是扮演某某人的爸爸、妈妈、丈夫、妻子、小孩等角色，而这些角色都有时间限制，时间一到，你的身份就不见了。

我常在想，生命有时间的限制，就是要我们学会珍惜因缘，不是让你来占有某个人或任何东西。

因为，你不只是这一世当人，你已经当人几百几千世，只是你不知道而已，不然为何出生时，手握得紧紧的；看到某些人会感到讨厌或喜欢；遇到事情有时会起心动念，会发脾气；对于财名富贵，还是挡不住诱惑。

这都是因为我们执迷于人的这个角色，看不开，放不下，对于和自己相处过的人，引发出的爱恨情仇，而产生的见解看法，深印在潜意识里清不掉。来到这一世再玩一遭，玩来玩去，只让自己在人世间打转，而忘了真正来当人的目的。

有个故事：有位秀才进京赶考，经过几个月的路途跋涉，即将抵达京城。这一天投宿在一家旅店，请店家帮他准备一碗黄粱充饥。

店家赶去准备，洗好黄粱之后就起火下锅。在等待的时间里，秀才心里忧虑着："此去京城，再过不久就要面临考试，我是不是能考得理想？中状元还是探花？若是名落孙山，岂不是无颜回乡？"

想着想着，秀才因身心疲倦已极而趴在桌上睡着了。他做了一个梦，梦见自己到达京城、进了考场，考完发榜后，中了状元，很欢喜，于是去礼谢考官，考官认为他是一个好青年，于是将女儿许配给他。

后来经历结婚、生子。渐渐地，儿子长大了，他也随着年龄的消逝而老迈了。当他八十岁生日那天，儿子、媳妇、孙子都来拜寿，正在享受天伦之乐时，突然听到有人在叫他。

原来是店家端一碗黄粱来到他面前，唤道："客官，这碗黄粱刚煮熟，赶快趁热吃了吧！"把他从美梦中惊醒，他看着这碗热腾腾的黄粱，才想到自己还没吃饭。

世间仍有太多未清醒的人，一直幻想着要占有某个人，或某些东西，这些人内心一旦升起了占有的念头，也就埋下造业的第一因。

相对的，真正觉醒的人，不会再造业，不再做傻事，反而会把这些身外之物和妄念都放弃了，不再有控制、占有一切人事物的妄想，如此才能真正地解脱，不再受因业果报之苦。

有缘看到此文的朋友，醒醒吧！不要把今生所遇到的情境，在脑中一再的执念，不管是苦、是乐，都要把它忘掉，放下了这些人事物，你才能如《心经》所说：无挂碍，没有恐怖，远离颠倒梦想，最终达到涅槃的境界。

❀ 我的关照笔记

02
要学会听见心的敲门声

我们从一出生，就一直用自己的主观、独特观点和期待，来看这个世界。我们心里的世界，和这个现实的物理世界，其实是有天差地别的。

这就好像有人一直活在自己的世界里，醒不过来，明明有一辆卡车朝他冲来，他却把卡车当成一只可爱的狗，还想向前去拥抱它……或者，有人总以为自己很受欢迎，永远不管别人对他的批评和排挤，人家讥笑他，他却觉得人家在赞美他。

人可以活在幻觉梦境中，但人到四十，应该要开始觉醒，看清许多假象、妄觉，不要一直活在自己创造的虚假囚牢里。

大家都说，人生是苦，人们才会选择活在美梦中。

这话说得没错，这个看得见、摸得到的世间，才真的是个梦幻红尘，只因为我们一直在做梦，才会觉得这红尘有太多魅力和感伤，例如，台北101只是一栋高楼，忠孝东路也只是一条路，但很多人认为这些地方都有特殊意义和感觉，就像在很多人的心目中，阳明山和淡水是浪漫的约会胜地。

事实上，如果没有“人”这个主体在做梦，那里也只是一座山和一个小渔港而已。

很多人都觉得，佛陀说的法或佛经讲得很深奥，其实，佛一直想告诉我们的不外乎是：我们的所有期待和想法都是梦。当一个人真正觉醒，他会真正的豁达自在，真正地看透一切，因为他觉悟到，人世间一切的好坏、苦乐，都只是梦。

大部分的人，都在自己的梦中活了一辈子，至少在死之前，都应该从这个大梦中醒过来，这是必要且伟大的。所有醒来的人都会微笑的接受这一生，不论这一生是苦、是乐，或苦乐交集。

从梦中醒来，就好像我们看完电影，电影院的灯打开，不管刚刚我们看的是喜剧或恐怖片，灯一亮，全都是梦，都是电影，都是假的。大家带着笑意离开，没有人会留下来或跑到银幕前找剧中人，或者大哭大闹。

相反的，那些太执著于梦境、以假为真的人，终究要被自己的梦境逼死。

有这么一个故事：有一位男性上班族很讨厌喝咖啡，但他太太却很喜欢喝，然而，他并没有告诉太太他讨厌咖啡。于是她每天早上都很高兴地为丈夫准备一瓶热咖啡，放在袋子里，让他带去上班。

然而，丈夫虽然不喝，却也没浪费，他每天都把没喝的咖啡带回家，偷偷倒回家中的咖啡壶里，让太太把咖啡喝掉。

有一天晚上，太太梦到他有外遇，连续三天她都做了同样的梦，不由得打心底相信这些梦，并断定丈夫一定在外面对她不忠，于是，她开始动手报复。每天早上，她在丈夫的咖啡瓶里放入一点点砒霜，她不知道，这些咖啡都会回到她的咖啡壶，就这样，她每天喝进少量砒霜而不自知，直到最后她毒死了自己。

很多人都会遇到极悲惨的不幸，家人猝死，或身败名裂，或破产负债，或身染重病，或一夜之间一无所有，被家人抛弃，被社会唾弃……

事实上，这些我们所定义的厄运，反而可以让我们看清楚，原来至亲的家人也可能反目成仇，你最爱的另一半也可能背叛你。事业、名利、车子、豪宅和股票，以及朋友之间的交情，都是万般因缘组合而成的现象，只要有一点阴差阳错，一点风吹草动，全部就化为泡影。

佛陀是慈悲的，对所有人都是一视同仁的，他会在适当的时间，去敲每个人的门，告诉你时间不多了，应该要醒来了。否则死亡专车一到，要躲也来不及，车子可能会直接冲入你家里，让你粉身碎骨，万劫不复。

四十岁，是最适合佛陀来敲门的时间点。

四十岁，该玩的，该执著的，该迷恋的，该痛苦的，都应该经历过了。

人到四十，开始看山不是山，看人不是人。或许，并非每个人都有像我这样的感触，但经历过四十年的风雨遭遇，我想，每个人多多少少都会开始看清很多事物的本质，包括你迷恋的，你喜欢的以及你讨厌的东西。

因此，原来很让你迷恋的山，不再是山，很让你着迷的人，也不再是人，而是一大串因缘条件聚合而成的现象。隐隐约约，有点触到空性，但心中仍充满不舍和恐惧，似乎在半梦半醒间，想醒来又想继续沉睡。这种矛盾和不安，让人活得很痛苦，有人在这阵阵痛楚中，愈来愈清醒，有人却不想让自己看清事实的真相，活在自欺欺人的世界里。

其实，有心贪睡或不敢醒来的人，永远有一堆借口来让自己好过。如果你肯勇敢地去看人生的本质，你就会发现，人生不管是在顺境或逆境，都是苦。不管你得到或失去，也都是苦。穷人有穷人的苦，有钱人也有他们的苦，并非有钱就可以买到任何东西或快乐，如果一个人不能彻底觉醒，那么注定要在苦海里浮沉一生，靠不了岸。

人到四十，以前觉得好玩的，突然都觉得提不起劲，以前会让你热衷沉迷的，突然间也似乎没那么有趣了，甚至觉得怪怪的。这都是佛陀正在你耳边敲门的现象，想让你觉醒，觉醒之后，你才能像佛法中所说的，可以用心去观照。观照生命中的每个片刻，每一个呼吸，每一次痛苦和快乐，每一次的爱恨嗔痴，每一秒、每一分身心的感受。

面对人生的苦海，我们唯有学会不停观照自己和万物，才能真正活出自己，就如一位哲人说：“只要你能让那个观照的味道，散布到你的整个存在，你就会完全平衡在两极之间。好像走在绳索上，既不往右靠，也不往左倾，在痛苦和快乐之间，白天和晚上之间，出生和死亡之间，继续平衡，那个平衡将会让你洞悉你真实的存在。”

这种平衡，安详自在，是超越物质和精神的，不再醉心于有形的名牌包包或名车豪宅，受之奴役，也不再迷失于情感、感觉、思想和观念中，失去自我，这种境界，应该是每个年过四十的人，都要有的礼物才对。

佛陀是慈悲的，人到四十岁应该就能感应并领悟佛法想说的简单道理：觉醒地活着，但并不执著于万象。如果你能领悟这个道理，就能除一切苦，接着，你就不是你了，再往下走，你会发现，连佛也不是佛，佛法也不是佛法，没有西方极乐世界，没有涅槃，更没有地狱，以及一切一切……人到四十，应作如是观。

我的关照笔记

03 其实，你不是你，我也不是我

《金刚经》一直在告诉我们，当我们走路时，这个走路的人，是不真实的，也不存在的，只有我们认知为“人”的这个生物，在移动这个现象，是暂时存在的。

“我”是由什么组成的?

从心理（意识界）和物理（物质界）的世界来看，根本是天壤之别。

事实上，心理认知的我和现实物理世界的我，是有极大差距的。但我们一直都以自己认知的“我”，活在这个无常的现实世界中。

这个道理小孩子和青少年不懂，四十岁的人才会慢慢觉醒，看清真实的我是什么。

或许白天压力太大，有一天晚上当我睡觉时，竟然梦到有人在追杀我，我害怕地往前跑，突然间掉落到山谷，顿时感觉到一阵痛楚。当整个人苏醒过来，才意识到自己是躺在地板上，然后恍然大悟，原来刚才是在做梦。

白天时，总认为身体就是我，若身体是我，在梦里被追杀的我又是谁呢？身体又怎会安然躺在床上呢？

由此可知，我们的身体并不是真正的“我”，我们的身体，只是被我假借在这娑婆世界活动的工具。就像我们到迪斯尼去玩，米老鼠跑来和我握手、拥抱，米老鼠也只是人穿上玩偶服，显现出来的样子。表演时间结束，人脱下服装，米老鼠就不会动了，只是件衣服而已。同样的，我们的身体使用时间到期了，我便离开了身体，身体最后只是一具白骨，甚至变成一堆尘土。

如果身体不等于我，那么，我在哪里呢？

曾在电视上看到龙卷风侵袭民宅的画面，只要被它扫过，没有一样东西是完好存在的。仔细看龙卷风的形态，外围的气流绕着像真空状态的台风眼转，而这空无一物的台风眼，却控制着整个龙卷风的动态。

同样的，对生物来说，外围的风就好比是我们的身体，而空空的中心点，就是所谓的我，无相、无色、无形，却可操控身体，做出我任何想做的事情。

有位公差奉命押解犯人到案，这犯人是个和尚。不甘心沦为阶下囚的和尚，一直在寻找逃跑的时机。他想尽办法和公差拉关系，百般讨好，做出一副恭顺合作的样子。渐渐的，公差对他的戒备心松懈了，甚至晚上还与和尚同桌吃饭。

有一天晚上，两人投宿一家客栈。因为押解的目的地马上就要到了，公差心里非常高兴，就跟和尚开怀畅饮起来。

和尚见有机可乘，内心狂喜不已，但仍不动声色地和公差划拳饮酒。两人酒过数十巡，不胜酒力的公差醉得一塌糊涂瘫在床上。和尚趁机从公差身上摸出钥匙，打开了自己手上的镣铐，再把镣铐铐在公差身上，但这仍难消心中愤恨，于是和尚找来一把锋利的刀子，把公差的头发剃光，趁着夜色逃之夭夭。

第二天，公差醒来看不到和尚，心慌了，不自觉地用手摸了摸脑袋，却摸着一个光头，他心里顿时松了一口气："原来和尚在这里！"

接着他又检查随身衣物、盘缠，一切都原封不动。他又愣了半晌，自言自语："和尚在，衣物、盘缠也都在，那么，我呢？我到哪儿去了？"

同样的道理，我们总是活在外形表相里，执著在色相里，但所有的相，只是来自于因缘的假合。

因为有了喝酒的因缘，公差才会喝醉，和尚才可趁机逃脱，事情也不可能再回到两人喝酒的当时，事情过去就过去了，已变成了历史画面，不可能再重现。

可是，我们却喜欢活在历史画面的记忆里。我认识一个朋友，他刚进公司时，公司同事因为他是新人，对他呵护备至。过了半年，他已经习惯公司的环境，大家就不再花那么多心力关心他，他却开始怀疑同事是不是排斥他，整天疑神疑鬼，导致和同事间相处有隔阂。

他没有想过，现在的他和半年前的他已经有所不同，他却只想停留在

半年前，同事对他呵护的回忆里。但那是虚相，虚相里的东西都是会变的，会随着时间、人事物的变化而改变。

所以，佛陀说，凡所有相皆是虚妄。不管是怀念年轻时谈恋爱的甜蜜回忆，或是过去曾经风光一时的辉煌时光，都是人自己心中的假象，眼睛一闭，这些东西都消失不见。但许多人却一直活在过去的记忆里，一再迷失、堕落于假象中，难以从这幻梦中醒来。

我们都因为有我执的存在，才会以我为主，以我为本位，也才会有“你”的出现，如此就有人相、众生相。我们心中一旦有了其他人的存在，就有分别心，各自有各自的想法，只要每个人坚持自己的立场、看法，这个世界就不会有各自相安的一天。

最近朋友常向我抱怨他的主管，说他的主管虽然年纪比他大，却好像是没工作经验的人，做事不会事先规划，什么都不懂，连作业流程都搞不清楚，劈里啪啦，说了一大堆。

其实，我仔细想想，朋友太执著于自己的想法，事情一定要按照他的想法做才正确，少了一个动作就是错的。他太局限在自己的框框里，看不到别人做事的基础意义，反而让他无法有太大的成就。

我们都爱照镜子，从早上一起床，刷牙、洗脸少不了照镜子，梳个头、换件衣服也都要照镜子，看镜子中的自己，看有没有变化。但每看一次，就执著它一次。

我们太在意镜中的我，就是执著我相太久了，忘了要在意存在于深处的我，也就是佛性。其实，这才是真正的我。

只要你能提起勇气，丢弃我执、我的意见、看法，不着相，也就是无我，才能达到《心经》上所说的不生不灭，那才是我，是生命中真正的我，而不是在刹那间变化的肉体上的我。

佛陀从不认为自己在教众生，说什么法，他把自己和想法都抛弃了，所以能够来去自如。当我们真正认识我的存在，了解到生命的本质，看清楚了，你会发现原来你是你，也不是你。

当你不存在了，自然的，你的苦也就不存在了。

我的关照笔记

04 人生没有幸福保证条款

很多保险业务员在推销保单时，总会强调这张保单有什么保障条款，为了让你保得安心，业务员们会讲得天花乱坠，似乎只要买了这张保单，就可以保证你拥有一生的幸福和快乐。

事实上，人生这张合约里，并没有幸福保证条款，即使你能拥有财富、名气和事业，也不见得可以拥有幸福和快乐。

有个老魔鬼看到人间的生活太幸福了，他说："我们要去扰乱一下，否则魔鬼在人们心中就不存在了。"

他先派了一个小恶魔去扰乱一个农夫，因为他看到那农夫每天辛勤工作，所得却少得可怜，但他还是那么快乐、知足，让老魔鬼看得很不顺眼。

被派下凡的小恶魔开始想，要怎样才能把农夫变坏呢？他想了一个办法，把农夫的田地变得很硬，没办法耕种，想让农夫知难而退。

农夫到了田地，对着农地刨半天，虽然非常辛苦，但每回累了，却只是休息一下再继续，没有一点抱怨。小恶魔看到计策失败，只好摸摸鼻子回去了。

于是老魔鬼又派了第二个小恶魔去。这个小恶魔想，既然让他更加辛苦也没有用，那就拿走他所拥有的东西吧。

小恶魔想到就做，他把农夫午餐的面包跟水全偷走了，他想，农夫做得那么辛苦，又累又饿，现在面包跟水都不见了，他一定会暴跳如雷。然而，当农夫又渴又饿的到树下休息，发现面包跟水都不见的那一刻，“不晓得是哪个可怜的人比我更需要那块面包跟水，如果这些东西能让他获得温饱的话，那就好了。”农夫心里这么想着。

第二个小恶魔的诡计又失败了，只好失望地回到老魔鬼身边。老魔鬼觉得奇怪，难道没有任何办法能使这农夫变坏？就在这时候，第三个小恶魔出现了。

他对老魔鬼说：“我有个办法，一定能把他变坏。”

到了凡间，小恶魔先去跟农夫做朋友，农夫也很高兴地和他做了朋友。之后，因为魔鬼有预知能力，于是他告诉农夫明年会有干旱，要农夫把稻子种在湿地上，农夫照做了。

果然，第二年时，别人没有收成，只有农夫的稻米满坑满谷，他因此变得很富裕。之后，小恶魔每年都对农夫说当年适合种什么，三年下来，农夫成为当地最富有的人。

他又教农夫把米拿去酿酒贩卖，好赚取更多的钱。慢慢地，农夫开始不工作了，他靠着经营，就能赚得大量金钱。

有一天，老魔鬼来了，小恶魔开心地告诉老魔鬼：“您看！我现在要展现我的成果。这农夫的体内，已经有猪的血液了。”

老魔鬼往前看去，只见农夫办了一场晚宴，当地富有的士绅都来参加，他们喝最好的酒，吃最精美的餐点，还有许多仆人侍候着。他们从头到尾非常浪费，大吃大喝，衣衫零乱，最后醉得不省人事，像猪一样痴肥愚蠢。

小恶魔又说：“您还会看到他身上有着狼的血液。”

这时，一个仆人端着葡萄酒出来，不小心跌了一跤。

农夫看到后开始骂他：“你做事怎么这么不小心！”

“唉！主人，我们到现在都没有吃饭，饿得浑身无力。”

“事情没有做完，你们怎么可以吃饭！”

老魔鬼见了，高兴地对小恶魔说：“唉！你真是了不起！你是怎么办到的？”

小恶魔说，只要让农夫以为有钱就是幸福，他自然会离幸福愈来愈远。

最近看到一则新闻报道：有位洪姓父亲是国立台湾大学毕业，对国小五年级的儿子期望很高，下课后安排许多补习，希望儿子和他一样念好学校。而且他的要求很严格，只要考试没考满分，除了又打又骂，不是朝男童脸上吐口水，就是把食物丢在地上，要男童趴着吃，甚至还要男童学狗叫。

后来，男童因受不了责罚而反抗，却被罚得更厉害、打得更重。洪父表示自己是为孩子好，希望孩子长大也能像他一样读名校，才能保证他会出人头地，这位父亲始终认为自己没有错。

有一次，男童又因考试未达父亲要求遭到打骂，被锁在屋外不准进家门，邻居听到男童高喊“救命”，打电话报警，社工人员接获警方通知，紧急安置男童，并申请保护令，不准洪姓父亲接近儿子。

后来，洪姓父亲希望带儿子回家，但男童不愿意，大喊：“我不要再看到那个人！”

这个父亲对孩子有极高期待，这个出发点是无可厚非的。问题在于他相信自己的妄觉，以为小孩子只要按照他的想法来读书，将来就可以保证拥有人生的幸福和快乐。讽刺的是，就是这种妄想，才害了这个小孩。

一般人总是把幸福投射在外在的人或物质上，拼命地去追求。像小老鼠为了偷吃油，爬上危险的灯台，却得不到，吃不到油，反而跌到地狱的火坑，摔到无明的黑洞里。

同理，学佛者也是，老师父告诉你认真念佛，似乎就可以保证入净土，和佛住在一起。事实上，人生既没有幸福保证条款，也没有人向你保证，学佛的人，一定可以进入净土，包括佛陀在内。

话说回来，无知的学佛者，只是把修行当作逃避自己的代名词，把念佛当成快速到达净土的快捷方式。

古时祖师大德所言："口诵弥陀心散乱，喊破喉咙也枉然。"

如果你没有看透自己制造出来的种种妄觉幻想，就算你念佛千万遍，念了十几年，还是到不了净土，若只靠念几个字就能了生脱死，佛陀为何还要说法四十九年？

尤其，有人把学佛当成买卖，以为念了几部经，参加了几场法会，放生多少条鱼，就可以向佛菩萨换来福报或智慧，这种想法愚蠢之极。

鬼逼禅师本来是个专门赶经忏的和尚，每每忙到三更半夜，才踩着月光归去。

某一晚，他刚赶完一堂经忏，回程中路过一户人家，院子里的狗不断地向他咆哮着，他听到屋子里传来女人的声音：“快出去看看，是不是贼？”

接着听到屋子里的男人说：“就是那个赶经忏鬼嘛！”他听了羞赧地想着：“怎么给我取了这么一个不好听的名字呢？我为亡者念经祈福，他们却把我叫做鬼。”

这时候，正巧下着雨，他匆匆跑到桥下避雨，顺道也打打坐、养养神，于是他双盘而坐。

这时真的来了两个鬼，一个鬼说：“这里怎会有一座金塔？”

另一个鬼说：“金塔内有佛舍利，我们快顶礼膜拜，以求超生善道。”

于是二鬼不停地顶礼。

这个出家人坐了一会儿，觉得腿痛，于是放下一条腿来，改成单盘。

一个鬼说：“怎么金塔忽然变成银塔呢？”

另一鬼说：“不管是金塔、银塔，皆有佛舍利在内，礼拜功德一样是不可思议！”于是他们继续膜拜。

再过一段时间，这位和尚感到腿痛难忍，于是把另一条腿也放下来，随便散盘而坐。

这时两个鬼齐声大叫：“怎么银塔变成土堆呢？竟敢戏弄我们，真是可恶！”

和尚听到二鬼生气，马上又把双腿收起来，双盘而坐。

两个鬼又叫：“土堆又变成了金塔，这一定是佛在考验我们的诚心，赶紧继续叩头啊！”

这时雨停了，这位和尚自忖：我结双盘，就是金塔；结单盘，就是银塔；随便散盘坐，就变成了泥巴，这结跏趺禅坐修行的功德真是不可思议啊！”

从此之后，他再也不赶经忏了，只管专心精进修行，不久便智慧大开，自号“鬼逼”，因为是鬼逼而成就自己的修行。

四十岁前醒醒吧！人生没有幸福保证条款，幸福是要自己顿悟的，这个假象四十岁前最好要看透，否则等你交了一堆保费，临死才发现这个事实，那才真是冤大头。

❀ 我的关照笔记

05
永恒是一种致命的错觉

心理学家曾做过一个实验，把玩具藏在一个箱子里，让小孩子不停地去打开箱子，让他确认玩具一直都在。只要小孩子连续打开三次，确认玩具都在箱子里，那么，他的大脑就判定且相信，那个玩具是永恒存在于箱子里的，他就可以安心、放心地去睡觉或洗澡。

这个实验告诉我们，永恒这个概念是我们大脑创造出来的错觉，目的是要让我们有安全感，可以身心安顿。例如，热恋中的情人，只要对方一离开就会非常焦虑不安；相反的，如果对方一直守在他身边，只要连续几天下来，他的大脑就会开始产生永恒的错觉，让他感到安全稳定。他自此会深深相信，对方会和他一辈子厮守在一起，甚至不只一辈子，而是永恒，直到海枯石烂。

同样的道理，从前有个守财奴，把一堆黄金埋在院子里的树下，他每隔一段时间就会把它挖出来看看，如此他才安心且满足。

现代也有很多守财奴，每天跑到银行保险箱去看他的珠宝和黄金，不然就是每天去看他存折里的数字，确认钱都还在，才睡得着、吃得下。

从心理学的角度来看，这种自欺欺人的永恒错觉，是我们潜意识的不安所创造出来的。从原始时代，我们的祖先就活在危险不安的环境中，为了确保自己能活下来，甚至可以活很久，确认自己拥有的一切是必要的。这样的经验和记忆累积流传到我们身上，所以，我们需要靠永恒错觉这个麻醉剂，来释放我们的不安，也是无可厚非的。

然而，从佛法的角度来看，在人类有了文明以后，这种像吗啡般的永恒错觉，不再只是让我们有安全感，它已经转型，变成让我们痛苦的毒药。

这个错觉，早就变成了控制我们的执著。我们忘了它是错觉，是假的，忘了我们身处的环境，本来就是无常幻变的，但我们深深相信这个永恒是真的，不应该有变数的。

所以，当我们失去情人、失去财物、失去工作、失去地位和形象，或失去所有认为不应该失去的一切，我们就痛不欲生，甚至真的走上绝路。

因为，我们的执著，早已变成生命的全部，我们都忘了这个执著只是个错觉，人生还有很多可能和变量是可以去期待的，人生还有很多路可以走。

如果，我们没有误认很多东西是永恒的，当我们失去它时，就不会生不如死。如果，我们没有永恒的错觉，欣然接受万物都是无常或有期限的事实，我们就会活得很自然。

失去挚爱，失去心爱的东西，该流泪就流泪，该伤心就伤心吧！这都是人之常情，但就是不要在心底认为挚爱是不会死的，心爱的东西永远不会消失，太过执著某个人或某件事物，是违反自然的。

如果我们能觉醒，看清万物都是因缘合成的，都有他们的季节和期限的这个事实，永恒的错觉就会消失。我们再也不需要这个麻醉药，来让我们活在那个违反自然的幻觉世界里。

如果你能觉醒并看清这个事实，那么，就跟菩萨或佛很接近了。佛之所以为佛，是因为他对世界对万物，看得比我们透彻。他可以完全看得清楚，没有任何情结干扰，没有任何主观作祟，他也不会投射任何内在的妄想到这个世界，所以他是佛，是由人进化而成的非人。

然而，成佛需要机缘和个人的决心，我们可以朝这个方向去走，但不要逼自己成佛。先从觉醒开始，先把睡了几十年的眼睛张开，去看清你以前认为是美、是丑或是你迷恋的东西，到底有多少你投射的主观妄觉在上面。

尤其是永恒这个错觉，很多人总认为身边所有的人事物都是应该存在的，都是永恒存在的。因此，每天老妈帮他做菜、洗衣，他不以为意，等到老妈有一天病倒了，甚至往生了，才如大梦惊醒，发现原来一直存在的老妈也会老死。或者，很多父母总以为，小孩永远就是这么可爱的依赖着他们，在他们身边，等到小孩长大要出远门或结婚时，反而得了忧郁症。

同样的道理，你的另一半，或你用尽心血才换来的事业，或花了很多年的存款才买到的房子，或是你心爱的车子，都是一样的，并非永恒存在的。

《金刚经》说，一切有为法，如梦幻泡影，如露亦如电，应作如是观。

当然，这只是一种比喻，很多你喜爱或在意的东西，存在的时间可能不会像早晨的露珠或闪电，一眨眼就消失无踪。但无论你拥有这些东西多久，十年、二十年……甚至五十年，一旦你失去它，在回想的当下，那种感觉，五十年也像闪电一样快，一下就过了。不管其间有多少点点滴滴和刻骨铭心的过程，都像朝露和闪电，一瞬间就消失了，如梦一般。这种感觉和体验，就是《金刚经》想告诉你的：世上没有永恒不变的东西。

我也曾年轻过，我也知道年少时，沉醉在永恒幻觉里那种安适无忧的感觉是很迷人的。就像一个小孩子每天依偎在母亲怀里撒娇，那种永恒的安全感和依赖感，像吃了迷幻药般，让你觉得整个人是活在天堂里，从来不会怀疑母亲有一天会消失不见。

然而，这种让小孩子有安全感的永恒错觉，到了他四十岁后，如还不能被看透并修正，将会变成他的致命毒药。

要破除这种永恒错觉，是很痛苦的事。我也曾经历过，几乎就像整个人被丢到地狱一样，再也没有百分百的安全感，也没有以前的快乐和无忧。

然而，如果一个人到了四十岁，还不能从自己的幻觉中醒过来，那真是一件可悲又可怜的事。不幸的，我身边有不少这样的朋友，例如，有个朋友喝了酒开车从不系安全带。我告诫他这样很危险，他却说十几年来都是如此，他觉得自己技术好、反应快，根本不会有事。他还自豪地说，他以前那辆车，开了很久，开到所有零件都烂掉了，但安全带却还像新的一样。

说完，他觉得好笑，我却笑不出来。因为，总有一天，他会老，大脑和神经系统还有肌肉都会老化，反应变差。如果他还不觉醒，总以为他永远都很年轻，或许真有一天，当他从永恒错觉醒来的那一刻，也是命丧之时。

我还有一个朋友，年近四十仍和父母一起住，不想结婚也不想搬出去。问他以后有什么打算，他总说过一天算一天，反正住家里有老妈照顾，老爸也还有收入，他即使失业也不怕。

在他心中，妈妈是不死的女神，爸爸则是永远的无敌铁金刚。

从物理的角度来看，世上没有永恒的东西，就算地球和太阳，也有使用期限。但在人的内心世界里，世上不仅有永恒，还有很多不可思议的东西，只要人们肯相信他们自己的妄想，什么事都可能存在。

永恒是人们心中普遍都有的错觉，你可以把它当麻醉药，也可以把它当神话或寓言来哄小孩或情人，但年过四十，千万不要把永恒当真，因为，那将是你人生所有苦痛的来源。

我的关照笔记

06
觉醒地活在这世间，但不执著任何东西

我曾看过一部电影，片中的英雄天不怕、地不怕，甚至连妖魔鬼怪也不怕。但就算他再坚强，当他的家人被绑架撕票后，原本再苦也从不皱眉头的英雄，竟然会为失去家人而痛哭失声，整个脸扭曲变形，生不如死，彻底崩溃……

这个莫大的对比再次印证，一个人如果把自己的全部，寄托在无常的人事物上，那么，这个寄托，就是他的死穴。

因为，人是无常的，万物也都是无常的，总有一天会消逝或变质。一旦无常来临，你的寄托就崩溃了。就像我们把房子盖在流沙上，总有一天要被崩塌的房子压死。

可惜的是，人们总习惯对不真实的东西有过多的期待和执著，这是人生一切苦的根本，如同你把房子盖在流沙上，却还渴求一个安定的窝一样。房子地基不稳，最后倒塌是必然的。这种因果律的必然，也代表了你的苦是必然会来的，而且你期待愈高，盖的房子愈昂贵、愈漂亮，你的苦

就愈大。

例如，有些女人爱上了有妇之夫，每天期待着他会和老婆离婚，宁可抛弃一切，包括财产、房子或儿女来娶她。这种自欺欺人的想法，让她把所有的期待和未来，都寄托在这个不可能实现的妄觉上，因此，她的苦是必然的。

或者，有人爱上了嗜酒女，深信自己会改造嗜酒女好赌的习惯或酒瘾，等他投入了一切心力和资源，最后才大梦初醒，知道这一切是不可能的。

像这类以假为真、以幻为实的自欺症候群，在很多人身上都可看见。他们那种明知不可为却仍为之的行为，就像火车脱离轨道乱闯乱撞，终究以悲剧收场。

人，活着就会有不安。老实说，从深层心理学的角度来看，人如果没有不安或渴求，就不会有能量活下来。这是一个很矛盾的现象，但也是我们身而为人的功课。

人要解除不安，有很多方法，但最笨也最不切实际的，就是把自己寄托在那些不存在或不稳定、不真实的东西上，只为了求个安全感。然而，这种寄托其实等于是请鬼抓药单或喝毒酒来止渴，顶多只有暂时的自我麻痹作用。

《金刚经》字面上很深奥，其实要说的道理很简单，它只是要告诉我们，我们应该觉醒地活着，不要被自己的情识幻觉所蒙骗，也不要执著于

觉醒地活在这世间，但不执著任何东西

现实物理世界的种种暂时存在的现象。你看得到摸得到的一切，都是真的，但也都是假的；都是空，也都存在。当我们看清了这个现实世界的本质是暂时存在的假有，也看清了自己内心世界的种种情意妄想也都是空之后，不要沉迷于哪个空，或哪个不空。一切都不迷，不执著，包括对佛法，对《金刚经》或菩萨，都不着相、不执著，才能真的脱离一切苦，觉醒地活着。

觉醒地活在这世间，但不执著任何东西。

《金刚经》想告诉我们的是，万物万法都是幻变无常的，那是流沙，我们如果把自己的心或情感，寄托在这些流沙上，只会时时刻刻更加不安和恐惧。

如果你一直活在苦海里，例如，你爱的人不爱你，你想升官，老板却不甩你，你想成为上流人士却做不到，你以为辛苦把孩子养大，孩子就会奉

养你……这些妄想和焦虑的产生，其实，都是因为你把房子盖在流沙上。也就是说，你把自己的期待和欲望，投射在这个幻变无常的世界里，然后指望全世界的人都要来实现你的愿望，这就是苦的根源。

《金刚经》为何要取名叫金刚，因为里面说的法、提到的空性和佛性，是无坚不摧的，而且永不崩坏。不是流沙，而是如金刚钻般坚硬牢固，这样的东西，才能让人有所寄托而不会陷入苦海。到了最后，再把这个金刚地基也放掉，你就真正能脱离苦海了。

佛法深奥博大，要到达无我金刚境界不容易，但其实也不难。涅槃或地狱只在一念间，当你所期待的落空或变质，当你所寄托的崩坏消逝，当你坠入生不如死的苦楚里时，你就应该醒过来看清你的苦是自己的妄觉造成的，如果你不能觉醒，还执著于这些无常幻变的一切，那么，佛再神通广大也救不了你。

我的关照笔记

07 人的自我，是最大的障碍

有个人出门办事，却在经过险峻悬崖时，一不小心掉到深谷去了。他胡乱抓取，正巧抓住崖壁上枯树的老枝，这才保住了性命。但他整个人悬荡在半空中，上下不得，正当他不知如何是好的时候，忽然看到佛陀站立在悬崖上，慈祥地看着自己。

旅人一见到救星，马上大声哀求佛陀：“佛陀！求您发发慈悲，救救我吧！”

“我当然可以救你，但是你要听我的话，我才有办法救你上来。”佛陀慈祥地说着。

“到了这种地步，我怎么敢不听您的话呢？随您说什么，我一定听您的。”

“好吧！那么请你把攀住树枝的手放下！”

旅人一听心惊胆颤，手一放，可不是掉到万丈深渊，跌得粉身碎骨吗？怎么可能保得住性命？因此，他的手反而更加抓紧树枝不放。佛陀看到他执迷不悟，只好离去。

这就是自我，旅人不曾想过，他不把手放下，拼命执著，佛陀要怎么救他脱险?

在唯识学中，有一个词和心理学中的自我意识是一样的，就是所谓的末那识，它可以说是所有苦的关键。虽然，我们所知的苦的根源来自第八识阿赖耶识，但真正起心动念，对外境产生妄想和执著，让我们付诸行动去造业的、去召来苦痛的，却是末那识。

这也是心理学中的自我人格，这个意识，本能的要我们去趋乐避苦，本能的要我们相信有一个“自我”存在。所以不管遇到什么都会在意，会以己悲也会因物而喜，甚至把人生中的所有苦乐都当成真的，苦苦、牢牢地执著，永不放手，也学不会放手。自我意识愈强，苦就愈深……

偏偏，人得到愈多，就愈害怕失去，一旦害怕失去，苦就跟着来了。

有一个大老板，他年纪刚过四十，家财万贯、妻贤子孝，大家见了他，自不免大大夸赞一番，但他总是皱着眉、撇着嘴，仿佛对什么都不满意。问他烦恼些什么，他苦笑:“永远有忙不完的事，开不完的会，回家还要当好丈夫和爸爸的角色，你们看到的只是光鲜、亮丽的那一面。”

事实上，只是因为大老板太在意外在的评判和看法，以及这些评判赋予的价值，所以虽然什么都拥有，依然觉得一切都是苦，都是折磨。

《金刚经》厚厚一本，很多人都觉得深奥艰涩，其实，这本经从头到尾只想告诉我们一个事实：我们的“自我意识”这个程序是不完美的，它会让我们迷失在自我的假象里，让我们以为一切都是真的、永不消逝的，然后为所拥有的东西所苦，害怕失去，害怕不符期望。事实上，这些东西只是虚妄，你所在意的，也只是俗世的一粒尘埃被过分放大。

有一个生活在亚马孙河旁的原住民，趁着假期前往佛罗里达州戏水游玩。下水前，他问了导游："你确定里面没有鳄鱼？在我的家乡，鳄鱼会把人咬得支离破碎。"

导游笑了笑："我敢保证绝对没有。"

这个游客开心地下水玩了大半天。结束后，他上了岸，好奇地询问导游："为什么你这么肯定水中没有鳄鱼呢？"

导游保持一贯的微笑："因为鳄鱼也会害怕鲨鱼啊！"

从此，这名游客再也不下水了。这名游客下水时，心中是空的，他已经放下了我执，也就是故乡水中有鳄鱼的阴影，所以能如此优游玩乐。但是后来，他又添了新的意识，新的烦恼，再度让自己陷入妄想中，也阻碍了可以行走的道路。其实，鲨鱼岂会这么轻易出现？一切也不过是他自己吓自己、给自己压力罢了。

许多人在学佛行事之际，也难逃这个盲点。

有个科学家，曾经把一个成年人和一只猴子关在一个房间里，他们的目标是看谁能先取下挂在天花板上的香蕉。香蕉下有组梯子，但只要一踩上梯子，旁边就会有喷水器洒下水来。

成年人不愿意自己被水淋湿，于是沉吟了许久。最后，他发现墙壁旁边有另一把梯子，便兴冲冲地把这把梯子搬来。

但就在他架起梯子时，发现香蕉不见了。原来，猴子并不顾自己是否会被淋湿，爬上梯子，从天花板上把香蕉拿下来吃掉了。它心中没有自我的存在，它做任何事都没有窒碍，只想着行所应行，反而得到最好的结果。而人呢？水洒了会湿，也会干，但他只想到湿的时候，忽略了香蕉一转眼就没了。

我们一般人都是怕被水淋湿而去找梯子的人，都是被自我意识左右的人，如果我们无法看破外在一切是空，要怎么参透世间的法？要怎么脱离苦海？

有人问，没有得到，也没有失去，那么我到底是什么？

我不需要得到，也没必要失去。我，是看清、是抛去执著、是让自己升等，这并不是叫大家否定自我，而是更了解我存在的意义。

学佛并不是要变成另一个佛陀，而是你本来就是未成佛的种子，你也可以成佛，你也可以让自己的自我程序升级，而不是要你把自我都拿掉或否定掉。但很多人不了解这个道理，学佛学到最后反而得了忧郁症……

相对的，一个人活到一个阶段，也应该看清“自我是不完美程序”这个事实。必须用心去修正或升级，才是真正的开悟，才有可能真正睁开眼。

其实，整本《金刚经》只想告诉我们，应无所住，不论是苦、是乐皆无住，即使死亡来临，也像春风一样如来如去，万般不沾染。这样一来，连“自我”也无住，自然能自在面对人生这场游戏。

因此，只要我们能透过佛法来修正“自我”这个程序，尽管自我可以经历或映照万事万物，但不要有任何罣碍，不要沾染任何妄想，自然就可以清凉自在，脱离苦海。

我的关照笔记

08
只有自己觉得苦，才是真的苦

有位老太太，她对丈夫、儿子总是不满意，总是恶言相向。终于有一天，她的丈夫走了，儿子也离开她到他乡求生存，最后客死异乡，连死前最后一面也不能见。

老太太哭了好多天，她难过的是，从今而后，她只能一个人面对日渐的苍老和无力。

然后佛陀来了，他问：“你觉得痛苦吗？”

老太太收起泪，摇摇头：“痛苦是什么？我为什么要痛苦？”

佛陀开口：“你的丈夫走了，儿子走了，接下来的半辈子，你只有一个人，这样不苦吗？”

“不苦。”老太太说。

“那么，你为什么哭？”

“因为现在，我已经没有什么需要守护和追求。我的痛苦源头消失了，而我却在经过这个痛苦源头消失才明白，没有了痛苦源头，才是最大的苦。以前的苦和这件事比起来，根本不算是苦，我却为了那些微不足道的苦，伤害了丈夫、伤害了儿子，把他们逼走，让他们跟着我一起受苦。”

“那你现在想做什么呢？”

“我要去告诉其他被苦所困的人：只有自己觉得苦，才是真的苦；只有苦过了，才有可能得到更高、更深的智慧。如果一个人可以历经各种不顺和挫败，却从来不以为苦，那么，这才是真正的离苦得乐。”

佛陀笑笑之后离去，他知道老太太觉醒了。

最近层出不穷的社会案件，不外乎女生失恋了就割腕、跳楼，男生失恋了就砍人。在这些男女心中，眼前的苦就是全部，于是跟着这个苦发狂、沉沦。

有一个二十五岁的女子，爱上一个爱情骗子，她知道对方欠下二十多万元债务，甘愿将私房钱拿来偿债，甚至签订代还。可惜对方人财两得后，烂赌如常，更视她为“提款机”和人肉沙包。

女子看清楚男方的真面目后，两人更常争吵打闹，对方也变本加厉地虐待她，对她拳打脚踢，但一见到女子伤心欲离去，却又满怀诚心的道歉……

最后，女子受不了对方忽好忽坏的态度，精神大受打击，求助心理医生无效下，选择跳楼结束生命，男方则因施暴、诈财被捕入狱。

只要是人，难免有伤痛，然而，有些人会从这种痛苦中站起来，调整自己的心态，把这个痛苦当作觉醒的闹钟，让自己成长茁壮，有些人却无法从痛苦中学到教训，只能不断沉溺在痛苦中无法自拔。

从前，在山里住着一个樵夫，他辛苦努力了好几个月，终于完成一间可以遮风挡雨的房子。

这天，他挑着砍好的木柴到城里交货，当黄昏他回到家时，却发现房子起火了。左邻右舍都赶来帮忙，却因为风势过大，始终没办法将火扑灭，一群人只能焦急地、眼睁睁地，看着炽烈的火焰吞噬整栋木屋。

好不容易，大火终于灭了，只见樵夫手里拿着一根棍子，跑进倒塌的屋里不断翻找。围观的邻居中有人说，他一定是在翻找藏在屋里的珍贵宝物，所以所有的人都好奇地在一旁注视着他的举动。

过了半晌，终于听到樵夫兴奋地叫声：“我找到了！我找到了！”

邻人纷纷向前一探究竟，却发现哪里有什么宝物？樵夫手里捧着的，只是一片斧刀。

只见樵夫兴奋地将斧刀嵌进木棍里，满怀感激地说：“只要有这柄斧头，我就可以再建造一间更坚固耐用的家。”

这就是觉醒，失去的已经失去，你号啕大哭也挽不回烧毁的东西，与其深陷挫折中，为何不用自己原有的力量，去开创更美好的东西？

前阵子看到一个数据：失业率每提高一个百分点，自杀率就会增加百分之四点一，犯罪率则会提高百分之五点七，而家庭暴力事件至少增长一倍。

每一个失业人口，几乎代表一个家庭的苦，但因此而自杀的、对家人施以暴力的，却是把这个苦又加注在其他人身上，最后，谁也脱逃不了。不但脱逃不了，还把自己和他人往更深的深渊里推，看不清真实的一面。

那么什么是真实？真实就是，自怨自艾解决不了问题，自杀解决不了问题，施暴犯罪更只会增加问题。你不愿意挣脱这个苦的束缚，怎么可能看到更远的美景？

有个小朋友告诉我，他曾经尝试自杀，因为课业压力太大，因为父母亲关照不够，他半夜起来拿菜刀在手腕上划下两刀，看着血不断流出。

“幸好没划破动脉，”他说，“否则我就不会知道之后会遇到这么多好人、好的事，也不会知道父母看到伤口时的表情和痛心。我很庆幸自己划了那两刀，否则我会一直沉浸在自己制造的痛苦中。”

无论是事业、人际、感情、财务，只有在历经、看透这些苦后，你才会睁开眼，才会让自己成长，才可以得到不同层面的知识。

只要人有妄觉，遭遇痛苦是必然的，就好像人们老是只看到玫瑰的美，却忽略了它的刺，直到自己被刺伤了，才会从幻觉中醒过来一样。

痛，是消除你幻觉妄想最好的东西。痛愈多愈容易清醒，你要感谢上天为你安排这一段，他设了好几个闹钟，就是为了让你醒来，直到有一天你全然觉醒了，再也没有任何苦痛可以困扰你。因为，苦和乐，都是自己创造出来的，只有自己觉得苦，才是苦。相对的，自己觉得喜乐的，一切都是美好的。

或许有一天，你也醒了，悟了，听懂我在说什么，就会发现，原来，苦乐都是自己内心的摇控器设定出来的。你发射苦的频率，自然内心的“识”就会转到苦的频道和节目，相对的，乐的频道也是如此。

这时，你再回头看以前为苦所逼的种种人生百态，你会给自己一个微笑的。

我的关照笔记

09
世间事，没来没去，没什么事情

前几年佛指舍利来台，轰动海峡两岸，还派武僧、保安人员重重保护下小心护送。在运送的途中，有些人跪在道路两旁迎接，计有上万信徒前去朝拜，甚至有人看到后感动落泪。小小的一节手指白骨，被供奉为世间至宝，并建塔安置，已过两千五百多年，世人依旧如此尊敬，究竟为什么？

古代的皇帝被称为天子，普天之下没人可以和他比拟，坐拥世间财富，甚至连山河大地都是属于他的，活着时，被天下人朝拜，为何死后的尸骨却乏人问津？还输给一位身上一无所有，连吃饭都要自己上街托钵的佛陀？

最近看到新闻报道：台湾首富郭台铭多年前为妻子买了块墓地，却因为墓园的地主不满产权纠缠不清，在墓园入口围起一堵墙。郭台铭为了躲避记者的采访，被迫半夜拿手电筒，摸黑翻过围墙，才能到妻子的墓前祭拜。最近更是为了弟弟病情，数日不得安眠，感叹有钱也买不到健康。

回头看看，首富和我们也没有不同，拥有再多的金钱、响亮的名声，生病也要看医生，与亲人生离死别也会痛苦，也会有过不了的难关。老了，最后的结局，也是转眼荒郊土一封，回归于自然。

很多人为了拥有成功以及光鲜的外表，每天辛勤工作，甚至打落牙齿和血吞。为求财富、权势及地位，不只无法好好享受生命，而且忽略了内在的修养，遭感官所蒙骗，以假为真，天真地以为获得成功，就能让自己离苦得乐。

据说，仙人吕洞宾有回下凡到人间，正巧看见一个小孩在路旁哭泣，他好心上前询问："小朋友，你为什么哭啊？"小孩回说："我母亲生病了，家里却没钱给她看医生，我心里很难过。"吕洞宾被小孩的孝心感动，马上举起手指，将路旁的石头点化为黄金，拿给小孩，小孩却摇头说："我不要这块黄金。"吕洞宾听了，更加惊讶，认为小孩纯朴善良，回问说："你不要黄金，那你要什么？"小孩坚决的回答："我要你的手指。"

原来，小孩以为有了吕洞宾的手指，就随时有黄金可拿。

"成功"两个字太抽象，是由各种因缘和合而组成，就好像狗在太阳下看到影子，好奇地追着自己的影子跑一样。如果它在树荫下、房子里，没有影子，就不会痴愚地追着它跑。一般人把成功寄托在别人对自己的期望、注目眼光、口中的赞美声里，少了这些，成功似乎就不存在。

其实，正确的说、正确的看，"成功"只能享受其中过程。若执意要看到结果产生，只会让你陷入狗追影子的下场，因为，狗永远抓不到影子，最后活在懊恼中。

发明大王爱迪生的实验室不幸发生大火，眼看所有的研究成果即将付之一炬，爱迪生的儿子焦急地四处找寻父亲，意外的发现满头白发随风飘扬的爱迪生，竟然也挤在人群中平静地观看大火，就像身旁那些看热闹的群众一样。

儿子气喘吁吁地对他说：“实验室就快烧光了，该怎么办呢？”

爱迪生却只是表情平淡地说：“去把你母亲找来，这样的大火真是难得一见。”

隔天，爱迪生面对化为灰烬的实验室说：“感谢上帝，一把火烧掉了所有的错误，我又可以重新开始了。”爱迪生忘掉了大火，重建了他的实验室，并成功地在大火之后三个月发明了留声机。

《史记》中，记载了范蠡三聚三散的故事：春秋时期，范蠡戮力辅佐越王勾践，终于使越国复兴。胜利后，越王封范蠡为上将军。可是，范蠡知道勾践的为人，只可共患难不能共富贵，于是辞书一封，放弃高官厚禄，只装少量珠宝，乘舟远行，一去不返。

范蠡辞去上将军后到了齐国，更名改姓，耕于海畔，没有几年就积产数十万。齐国人仰慕他的贤能，请他做宰相。后来，范蠡感叹道："居家则至千金，居官则至卿相，此布衣之极也。久受尊名，不祥。"于是归还宰相印，将家财分给乡邻，再次隐去。

等他到了陶这个地方，范蠡看出这里是贸易要道，可以据此致富。于是，他自称陶朱公，留在当地，根据时机进行物品贸易，短时间内又累积一笔财富。后来，范蠡次子因杀人而被囚禁在楚国。范蠡说："杀人偿命是应该的，但我的儿子不该死于大庭广众之下。"于是就决定派小儿子前去探视，并带上一牛车的黄金。可是大儿子坚持要替小儿子去，没办法，范蠡只好同意。

过了一段时间，大儿子带着次子的死讯回到家。家人都感到悲哀，只有范蠡笑着说："我早就知道他会被杀，不是大儿子不爱弟弟，而是有所不能忍啊！老大从小和我在一起，知道谋生的艰难，所以不忍舍弃钱财。而小儿子从一出生就坐拥千金，不知道财富来之不易，也不把钱当钱。我之前决定派小儿子去，就是因为他能舍弃钱财救人，而大儿子不能。次子被杀是情理中的事，也不用太过哀伤。"

以上这些都在告诉我们，人可以追求成功，但要有觉知，就像范蠡和爱迪生一样，在名利面前，始终保持着清醒的头脑，进退自如，不紧抓曾经拥有的一切，才不会落得失去后的痛苦。

佛陀的手指骨，经千年还不失人们对他的敬仰，是因佛陀不把成功寄托在外在的事物上，知道世间的万事万物，只是因缘和合而成，也因时间到了，条件不够了，而消失不见。

佛陀以追求心中的清静无染为成功的目的，将毕生的心血用来引导世人，认清世间的真相，希望大家能和他一样的快乐自在。所以，他的手指、牙齿、身上的遗物，才会历经千年后，人们以物来感激、缅怀佛陀对人间的贡献。

广钦老和尚曾说过：“世间事，没来没去，没什么事情。”若你能了解这句话的涵义，相信成功将一辈子跟着你，不再是狗追影子的空影。

我的关照笔记

10
不要对永葆青春有太多的幻想和期待

生老病死不仅是自然律，也是人生四大课题。

有个学佛的朋友告诉我，佛法说一切都是空，包括我们的身体和意识，因此，做人最好看开一点，尤其衰老也是自然的一部分。但是，现代人硬是要靠人为的科技，来延缓老化或改造自己，例如，不少人坚信自己可以留住青春，于是注射肉毒杆菌、整容、吃药、打胎盘素……这都是自欺欺人，太执著于身体这个假象。

事实上，我不是很赞同这位学佛朋友的说法。我不知在两千五百年前，佛陀是否真的这样教大家。如果因为有人觉悟，看透万事万物都是因缘合和而生，其本质是空，就放弃这得来不易的身体和意识，这种想法和叫人去自杀没什么两样。

佛法的道理很透彻、很高深，但人毕竟是人，几乎每个人活下去的生命动力，都来自对生命的热爱，希望得到别人的注意和关心。因此，那些去拉皮、整形、打肉毒杆菌的人，他们真正要买的不是青春，而是避免衰老，以及避免老化背后带来的没有自信、没有魅力和不受人关心。

所以，我不赞同那些叫人家不要整形或不要打扮的说法，那都是空话。因为不管你怎么说，他们还是会为了让自己活得快乐，而去做他们认为该做的事。或许有一天他们都经历过了年轻、受人注意是什么感觉，有一天觉得不好玩了，自然就会丢掉这个游戏。

有些人本来就不注重外表，但有些人的外表，几乎比他的生命还重要。如果佛法硬要叫人都放弃这个肉体，我觉得也不太人性，而且，我相信佛也不是这个意思。

在佛陀时代，很多比丘修不净观（所谓不净观就是想象身体里面装了很多屎、尿、毒之类的脏东西，和另一种想象人死后只剩白骨的白骨观差不多，主要都是要人们不要太执著这身臭皮囊），他们都很精进修行，但他们自从修了这个法门以后，就很厌恶自己的肉身，想要抛弃它。

有一天，勿力伽难提刚好拿了一把刀子来到园中，有一位比丘对他说："我不要这个身体，这个身体太污秽了！请你杀了我吧！我将我的衣钵与供养全部给你。"

于是勿力伽难提就把他杀了，然后到河边洗刀子。当他在洗刀子时，见到河中的血水，顿时心生忏悔，但这时在水面上，有个天魔所变的人对他说："你今天做了一件大功德，你杀了他，让他很快就升天了。而且你做了这件事，也很快可以升天。"

勿力伽难提原本充满挣扎、悔恨的心就释怀了，他转念一想："对！

我应该帮助他们。”

结果他拿着刀子，转身回到园中，有其他的比丘也请他把自己杀了，一个接着一个，他一共杀了六十几个人。才一下子的功夫，园中到处都是尸体，血流成河。

有一天，佛陀来到园中参加聚会，问道：“今天怎么人这么少了呢？”

有人说出勿力伽难提做的事，佛陀听了斥喝道：“真是愚痴的人！”

佛说，这样做与放下我执的修行真义是背道而驰的。修不净观的目的是要你们放下对世间财物、身体的执著，是要你们放下心中的执著，并没有要你们毁弃身体啊！

我认为，佛和菩萨都只是在教我们，做人应该时时保持清醒觉知的状态。觉知自己的肉体是有使用期限的，觉知世间万物都是很多元素和条件组合而成的现象，其中有一个条件消失或变动，整体的组合物就会跟着幻变。届时分解时不要太执著，该来的就让他来，真的留不住的，就让他去吧。

再者，时代一直在进步，现在的时空不同于两千五百年前的时空，过去有慢性病的人必死无疑，现在却有各种药物可以延续病患的生命，例如人工心脏、洗肾机和器官移植手术。我们总不能说，用这些药物和器材救人就是违反自然，相反的，故意不去使用这些医疗器材，才是违反自然和人性。

佛法，始终来自于人性，如果有人依法修行，就要违反人性，那才真的是邪教妖法。同样的道理，现代有整形或抗老化的技术，如果有人觉得可以透过这些技术，让自己延缓老化几年，或让自己看起来比较年轻，甚至比较美，那么他选择去动手术也无妨，只要他活得快乐就好。

不过，我在这里要提醒大家的是，你可以做任何想做的事，但无论何时何地，都要保持一颗觉知、清醒的心。就好像你在演一部电视连续剧，不管你演得多逼真，都别忘了你是在演戏。戏演完了就要放下，全部放下，欣然快乐地放下，不要一直活在戏中的角色里，否则，你就只是在自找苦吃。因此，我同意大家去整形，变得更帅、更漂亮，但大家最好还是要在四十岁前，认清一个事实，那就是：尽管你身体保养得很好，你的身体仍然会老化分解；尽管医学技术再发达，也有其极限。

因此，一个人要青春永驻是不可能的，也是违反自然的，不要对永葆青春有太多的幻想和期待。人的生命有限，不妨好好运用这个生命演出漂亮的戏，时间到了，该下台就下台，这种豁达才是真正的开悟和自在。

如果你不能认清这个事实，想通这个道理，那么，你临死之前必然是痛苦的。因为，一切有为法，如梦幻泡影，太强求人为的方式永葆青春或想长生不老，不仅违反自然，也只会让你活在更深的恐惧里。

尤其现今整形手术这么热门，不管女的、男的、老的、少的、美的、丑的，只要对身体哪个部位不满意，就去整形，甚至还可以指定要整容成某明星的鼻子、脸形、眼形等。虽然大家都变帅、变漂亮了，但只要是有为法，必然就有副作用或因果，想年轻、漂亮就要付出代价，承受整形或其他手术带来的后果，这也是代价之一，想清楚了就不会有恐惧。

我曾在网络上看到一则笑话，标题是“真面目”，这则笑话是说：有个女孩长相极丑，没有人追，为了交到男朋友，因此，将全部的积蓄拿去做整容手术。整容后，面貌变美了，终于如愿交到一位心仪的男孩，顺利步入礼堂。

过了一年，她生了个儿子，当丈夫看到小孩的长相时，疑惑地问医生：“这是我的小孩吗？”

医生很肯定地回答：“没错呀！你老婆刚生下来的。”

因为小孩的长相，不像他也不像妻子，因此，他怀疑自己被戴绿帽。他直接质问妻子，妻子坚定地告诉他，绝对没有做出对不起他的事。但丈夫不相信，愤而提出离婚，这时女孩才坦承，自己动过整容手术，小孩的长相，像原来的她。

事实上，对抗老化除了靠医学技术外，用内在觉醒的意志，也可以过着另一种年轻有活力的人生。例如，人称艺术老顽童的刘其伟，原先是工程师，四十岁才拿起画笔习画；六十岁进入原始部落做田野采集，踏入人类学领域；七十岁深入婆罗洲雨林探险；七十三岁入非洲；八十二岁组队远征巴布亚，记录自然民族的生活与文化。

他说他到了七十岁，才开始知道自己的生命需要冒险，并不断用冒险来证明自己仍有生命力，以画布描绘出最真实的渴望，他的角色是工程师、画家、作家、探险家、人类学家，他不为自己设限，所以有过人的热情，活出属于自己的精彩人生。

除了冒险，你也不妨玩另一种游戏，那就是利他救人的超级任务。

根据媒体报导，年近六十的谢伯伯，已经拾荒大半辈子，但在他心里，却有一个最喜乐的天堂。因为十多年来，他默默捐款认养贫困儿童。每个受助儿童顺利地成长、就学，就是他最大的快乐。

谢伯伯说：“我每捡一个铁罐，每收一沓报纸，就想到又能赚几块钱，可以给孩子买支铅笔，就愈做愈欢喜。”

家庭扶助中心的社工也说他“平常只花三十元解决一餐，每次一捐钱却是三千元”。

谢伯伯年近九十岁的老妈妈，十多年来也帮着儿子一起认养贫困儿童，她在家里做手工艺品，做一朵假花可以赚五毛钱，一天赚个一两百元。她还告诉儿子，做一星期就可给一个孩子“买新衣”，她一直坚持的信念就是：“救济人比让人救济要幸福。”

因此，身体的老化并不可怕，只要找到自己生命的价值，你依旧可以活得光鲜亮丽。这个道理，最好在经历人生风风雨雨后的四十岁前领悟，否则，年纪一大把了，还浪费时间去做一些幼稚、愚蠢的事，临死前一定会后悔的。

生命是美好的，如果没有死亡，你会觉得活得太久是折磨。

青春是迷人的，如果没有老化，你也会觉得永远只演一个角色，就像一些连续剧演了几百集“拖棚”一样，平淡而无聊。

我们可以享受青春，歌颂人生，但没有必要青春永驻，该来的班车，早晚都会进站，能看透并欣然接受这个事实，你有限的人生才会有价值。

我的关照笔记

11
月亮再美，也有阴暗的一面

我们都戴着有色眼镜在看这个世界，尤其那些我们觉得美好的事物，其实也都是内心所投射出来的幻觉，无论我们的投射和自欺或自我催眠有多强，这些美好的事物，终究有我们看不见或想不到的阴暗或丑陋面。

其实，世间万物根本没有美丑之分，美好是我们创造出来的，丑陋也是我们定义出来的。任何美好的东西，在你只有醒一半时，会发现它的阴暗面；只有当你完全醒了，才能发现所有东西都只是原来的样子。美丑、好坏或善恶，都是我们贴上去的标签。

有位师父跟他的徒弟说："生命是美好的，每样东西都是美好的，每一个人都是美好的。"

这时有个路人经过，听到这句话，马上反驳："我就是不美好的见证者，你看，我是个侏儒，没办法长得和一般人一样高大、做一般人想做的事，常受人嘲笑，我的存在不就证明你的观念是错的吗？"

师父打量他一下，轻轻开了口："我看不出你和佛陀有什么不同，佛陀是一个，你也是一个。”

在我们的想法里，每件事物都有它的制定规范。例如人要多高、要有四肢、要五官齐全、要能走路等，才是正常人，少了一样或是没达到标准，就被贴上不正常或是特制的专有名词。

其实，这都只是我们自己头脑里想出来的模板。就像面包师傅把揉好的面团，一个个看成烤盘中，进烤箱烘焙，如果烤出来的外观颜色比其他的深或浅，就被打入瑕疵品，不能上架出售。

难道那些烤坏的面团就不是面包吗？当然是，只不过外观不同，如果探究本质，它们不都是面粉做成的吗？

我们常用比较的心态，去看世界上的人事物，并依照经验，判断优劣、成败、得失、对错等。但是二分法的结论，使我们的心境总是随着外在环境起舞，只要别人的话、眼神、动作、态度不合我们的意，我们就起烦恼，心中就有不平，就无法活在自在快乐中。

这时候，只有觉醒的人能超越二分法的境界，知道每样事物存在的本质，都是独立的个体，不去比较、批判，没有对立，自然无烦恼可言，一切都是美好的。

有个朋友因工作关系无法常常回家，但他固定每星期都会回家一趟，拿衣服回来给他妈妈用手洗。

邻居看了，都觉得这个儿子太不孝了，母亲年纪都那么大了，还要母亲洗衣服。有一次，我也忍不住问他：“你的工作真有那么忙，忙到连洗衣

服的时间都没有，需要带回家洗吗？”

朋友回说：“就因我不常在家，不清楚我母亲的身体状况，如果打电话问她，她又不会说实话，生病也会跟你说没病，为了更明白她的健康，我才会出此下策。”

他接着说：“每次回家拿洗好的衣服时，我都会检查衣服有没有洗干净。如果洗干净了，表示她的身体状况很好，才有体力洗衣服；如果发现衣服还有脏污，表示她可能生病了。这招还蛮有效的，她有次还问我，是不是在家里按装监视器，不然怎么都猜得到她的身体状况。”

朋友的用心，在他的邻居看来是不对的行为，但世上没有绝对的东西，祖师大德说：“境缘无好丑，好丑起于心。”

就像我们看到新生儿的诞生，我们会觉得高兴、喜悦，因为家里又多了一个成员。但在佛界看来，却是感叹，他们感叹又少了一尊佛，多了一个受苦的灵。

天下没有不劳而获的事，成果不是凭空得来的，看似美好的事物，背后往往藏着看不到的真相。

每隔四年就要风靡全球的世足赛，总是吸引球迷疯狂观战，大家都看得到球场明星叱咤风云，却很少人注意到，他们脚上所踢的足球，有些是年仅十几岁的非法童工亲手缝制而成。他们一天工作八小时，每人一天最多生产出两粒足球，赚取台币不到两块钱的工资。在缝制过程中，他们经常不小心被针刺伤，伤口还没愈合，又再度受伤，他们手上大大小小满是针扎的伤口。他们卑微而辛劳做出的足球，让人拿来踢进球门，成就足球员扬名世界的工具。

这也让我想起朋友的遭遇：朋友筹划一个活动，人手不足请我去帮忙。看着朋友无中生有，每天忙进忙出，细心督促每个环节的作业流程，连上个洗手间、喝杯水的时间，都不愿浪费，专心投入工作。而他的上司，对朋友也蛮照顾的，每次来都买一堆食物，也常鼓励他、夸赞他，朋友也会把细部情况，详尽地告诉上司。

活动当天，来宾们都乘兴而来，尽意而归，活动圆满结束，老板笑得合不拢嘴，因此开了庆功会。我和朋友想着，老板应该会大大的奖赏他，搞不好升官加薪。结果，升官的是朋友的上司，我的朋友只得到掌声。

原来，这个上司把朋友告诉他的企划、整个流程进行的进度，转诉给老板，让老板以为整件事情都是上司做的。朋友很伤心，觉得被他的上司骗了，但上司对他好是事实，他只能自叹倒霉，不过也从中学到，事情不能只看表面、只听片面之词，就妄下断言。

换个角度看，我们平常所迷恋的美味佳肴，其中的青菜是浇鸡粪长成的；我们喝的水，有些是厕所里马桶里的水，蒸发后形成天上的云，再下雨得来的；我们呼吸的空气，是由万物所排出的废气所形成的。

难道我们就不喝、不吃、不呼吸吗？不是的，而是，这些原本就是万物存在的本来样貌，是我们自己不想看到真实面，把它美化了，但真相就是如此，只有真正去接受它，了解它，你才能真正感受到生命存在的本质。

每到新的一年，我们都知道要大扫除，四十岁也正是脑内大扫除的时间。而这些真相，正是洗涤陈年堆积在脑中的污垢最佳的清洁剂，让你焕然一新，进入人生另一个阶段。

我的关照笔记

第二篇

其实，根本没有人背叛你或欺骗你

12 其实，根本没有人背叛你或欺骗你

再亲的人，再爱你的人，也有求生的本能，也有生存的需求。什么是人？要认清人的现实本质，别一厢情愿地把人当成不吃不喝的天使或神仙圣人。

世上最可怕的东西，不是人，不是鬼，也不是魔，而是你自己的妄想幻觉。

你把某人当成至亲无私的自己人，忘了他也有求生的本能，他也有需求和欲望。为了活下去，或许在紧要关头，他也可能牺牲你；或者，你无法提供足够的资源满足他，他也会背叛你。

你会痛苦但不能怪人家，都是你自己的妄想害死自己的。

只要是会动的生物，求生是必备的要件，就像某个国家规定，只要一出生的婴儿，先要丢在水箱中。很奇特，婴儿自己会摆动四肢，悠游地在水中浮动，等到体内氧气不足时，自己就会游出水面，父母才将他抱起。他们觉得这么做，能增强人的求生意识及生命力。

所以，为了要让自己存活下来，身体会起自然反应，对外在环境的变化，头脑会自动抉择对自己好的方式过活。你会这么想，别人也是这么想，因为大家都是活在这世上的人，六根的需求都是一样。

人与人相处时，总是有一种甜蜜的幻想，不管是男女、亲情、朋友间，都会对彼此间的关系寄予厚望，以为有了关系的存在，就等于有了安全保证，但没有一份关系能够永葆平安。

前阵子有则新闻报道：一位父亲因债务问题，在家与六岁的儿子引火自焚，在火烧的过程中，这位父亲受不了火的热度，自己本能地逃离火场，却把儿子遗留在火海中，活活地被烧死。

这是人的反射动作，为了生存，有时会忘了身边的人的感受。就像那位父亲，不敢自己孤单的死，硬要儿子陪着他，到头来反而是他背叛儿子，自己逃生。

曾经两个大学好友毕业后，在外地工作，为了省房租，两人同租一个房间，一方面可以省钱，一方面也有个照应。过了三个月，其中，一女交了男友，为了不想和男友分离，她决定离开同伴和男友同居。女友知道后，当然不愿意，因为好友搬走后，变成她要付双倍的房租，且租屋时大家也都说好，不能随意搬走。最后，双方未达成协议，此女还是搬走，同伴很难过，觉得女友背叛了她，从此两人的友谊宣告结束。

这件事看来似乎是其中一女的不对，她不信守承诺，离开女友。其实，没有谁对谁错，承诺只是当时、当下的反应，时间在变，人、事、物

我们的眼睛总是只能向外看，看到别人却看不见自己。

皆在变化。你会感到伤心、难过、愤怒，你觉得对方不够忠诚，不念朋友情谊，抛下你去承担所有的事情，但是对此女来说，现在和男友在一起最重要。换句话说，她的男友比你还重要，你会受伤，因为你不被重视，而你还一直认为以往的关系会一直继续，长久陪伴你。

往往最亲近的人，是伤害我们最深的人，其实并不是他们伤害你，是你自己只想活在过去的记忆里，死守着别人对你的承诺，因为你怕被抛弃，害怕孤单。若从另一个角度来看，这件事的发生，不正是让你学习认识自己的好机会？尝到背叛的感觉，虽然这种滋味不好受，但是经历过它，你才会抛弃过去，活在现在，才能成长起来。

别人会选择离开甚至背叛你，不能只把问题怪在别人身上，要学会对自己负责，别为自身的问题找替死鬼，推在别人的身上。就像有些先生脾气不好，会使用暴力，妻子受不了离开他，但他却怪罪妻子水性杨花，背叛自己；有些员工，上班时不遵守公司规定，被公司遣散，就向同事说公司制度不好，要小心为妙；有些人向亲人借钱不还，还死皮赖脸要续借，亲人不肯再借，就向别人说他不顾手足之情，弃他不管。

我们的眼睛总是只能向外看，看到别人却看不见自己，所以我们对别人的了解甚至超过自己，也只看到别人对我们不好的部分，却看不到自己伤害别人的地方，这是人性的一部分。

因此，当你感觉被背叛时，先自我想想看，对方是哪里对不起你，看到的结果就是对方不帮我、不挺我、不爱我，没有依照你的意思做，所以你会有被人背叛的感觉。

我们习惯把错加在别人头上，这样可以得到一个错不在己的错觉，以为这样自己就会心安理得的过日子。结果，我们并不因这样而自在，反而更加的痛苦，像个囚犯，被人操控着自己的情绪。

要夺回自己情绪的主控权，第一步就是不管发生什么事，要负起全部的责任，不要再为别人生气、快乐，要转变成你高兴是因为自己，你难过是因为自己。学会这个道理，你才会真正得到快乐。

每个人有他自己的生存权利，你改变不了别人，所以你要改变自己。就像有一个人向佛陀吐口水，佛陀没有感觉，只是看着他，下一步要做什么，身旁的弟子都已气愤不平，预备开口大骂，却被佛陀阻止。佛陀知道他这么做有他的理由，所以只是静静想了解他的动机，不做任何反应。

然而一般人却喜欢去接球，只要别人抛出了一句话、一个动作，我们就跑去接，情绪就直接反射出去，让自己陷入歇斯底里的状态，活得不自由。

所以，要懂得去觉察你的起心动念，不需要去阻止、改变，只要先学会观察它，从中你会渐渐了解自己头脑的反应模式。慢慢地，你就能做回自己的主人，不再受别人的控制。

我的关照笔记

13
你的爱往往让对方变成“弱智”

爱是一种幻觉的产物，尤其是期待愈高，要求愈完美的爱，愈会让被爱的人变成残废。因为，没有人可以完全符合你的要求。因此，你要求愈高，对方的自主性和人性就愈不完整。

例如：太太要求先生不能做这、不能做那，完全要依太太的想法和价值观去过日子，等于是定做了一堆手铐脚镣和项圈给先生戴。时间久了，先生也将不再是个完整的人，而是被你饲养的残废宠物。

许多父母，对小孩的管教，其实也是在使他们变得毫无行动能力。譬如：不让小孩帮忙做家事，连洗衣机都不会用；父母将衣服折好放在房间，连衣橱在哪小孩都不知道；吃完饭，碗筷也不用收，甚至连碗筷是要清洗都不知道；水果也都削好，放在水果盘中，直接就可入口，连西瓜原来长什么模样都不知道。每天只会念书、打计算机，什么事只要喊一声，就有人来帮他处理。把小孩当废人在服侍，等长大走向社会后，遇到小小的挫折，转头辞职不干，只想待在家里，上网聊天、打电玩，不肯出去工

单纯的只想让对方幸福、快乐，不抱持有回报的念头。

作。这是爱他吗？是害他一辈子，你的爱只是让他比身体残障者还更无能。

澳洲有个男孩，一出生就没有了四肢，二十三岁已取得商业学士学位，他是位潜能开发的讲员，也是一些法人组织的演讲人，只要有机会，他就会到各处分享自己的故事与见证。他自述："当我到了上学的年龄，因我的肢体残障，澳洲法律无法让我进入主流的教育体系，我妈妈极力去争取现行法律的改变，使我成了澳洲第一批能进入主流教育体系的残障学生之一。我喜爱上学，并且尽力想过得像别人一样，但在我早期就学的时光中，我遭受到很不舒服的对待，像是被弃绝、作弄、欺凌，原因仅仅是我生理上的差异。这对我来说是很难接受的，在父母的支持下，我找到了可以帮助我战胜那些挑战的态度与价值观。

"许多次当我心情低落到不想上学，想借此可以逃避那些负面的关注，爸妈就鼓励我不要去理会那些负面的东西，试着去与一些同学说话、结交朋友，很快，同学们认知到我并非异类。因经历了各种欺凌、自怜、孤寂的情绪争战，在我体内深植了一份热情，让我可以分享故事与经历来帮助他人面对各种挑战，鼓舞、激励人们活出最大的潜能，不让任何事物阻挡梦想之路。而我所要学的第一课就是'勿将万事视作理所当然'。"

由此可见，他的父母才是真正爱他，让他学会以自己的方式过日子，找到他人生的目的。父母角色不是帮子女排除困难，而是在旁引导，帮助他们找到人生的方向。

看完这篇报道，令我想起一位老师所说的话：若你想要使水桶的水流向你，只要你用手往自己的方向倾斜，水一定不往你的方向流；只要你向外泼，水反而朝你的方向流。

这是告诉我们，想要别人对我们好，先为对方着想，设身处地以对方的需要来帮助他，不是自私的以自己的想法去对他好。如对方想要吃高丽菜，你偏偏硬要他吃鸡腿，还分析鸡腿比较有营养，不要吃高丽菜，可是他只想吃菜。最后落得别人不领你的情，自己怪别人狗咬吕洞宾，不识好人心。

有个国王来到佛陀跟前听法，并开始练习内观，皇后也是位修行者，两人常在同一个禅房内观。有一天内观一小时之后，国王问皇后："若有人问你，你最爱的人是谁？你会怎么回答？"她说："我内观的时候，同样的问题也浮现出来，我发现其实除了自己，我谁也不爱。"国王笑着说："好极了！我也有同样的问题，同样的答案。"于是他俩相偕去见佛陀禀告这件事。

佛陀说："说得好！说得好！这是走出痛苦的第一步，当一个人开始发现这个问题的症结所在，就可以走出问题、解决问题，否则一辈子都活在想象中，我爱我儿，我爱我妻，我爱我夫，我爱这，我爱那。其实你谁也不爱，你只爱自己，爱自己的欲望、希望与梦想，我爱这个人是因为我期待他能实现我的理想，一旦他的行为、态度与我所要的背道而驰，所有的爱就消失不见，所以我不是爱别人，而是爱自己！只要能了解这一点，就很容易去除私念，就能够走出以自我为中心的习性。”

觉醒的人不是不能有爱，反而是懂得什么才叫爱。他知道爱不是去控制、占有别人，也不是去改造别人，而是尊重对方的因缘和个性，彼此互相照顾、成长，而又不被世俗的爱的错觉牵绊。两人拥有爱，同时也拥有自由和独特性格。

爱人要爱得自然、不做作，没有期望的爱，无私的爱，如《金刚经》所说：“不住相布施”。不觉得自己在照顾谁，在爱谁，只是发自于内心，单纯的只想让对方幸福、快乐，不抱持有回报的念头。因只要有这念头，贪嗔痴就会跑出来，爱就会变成恨。

所以，不管是男女之间、亲子之间、朋友之间的情爱，要清楚认知对方也是人，是自主的个体，有自己的想法、观点，缘分促成我们相聚在一起，以互相学习、修炼的态度来相处，一同完成这世所要做完的功课，你的爱才有价值。

我的关照笔记

14
当你知道根本没拥有过，才是真的拥有一切

不要妄想用外在的物质或事物来满足欲望，想“满”足就不会“知”足。饿鬼道的特质，就是吃愈多，反而愈饿；欲望愈强的人，拥有愈多，反而更觉得不足和空虚，就像失智的老婆婆，吃过饭了还要再吃。

四十岁前，最好要看透欲望的本质，是在于贪和期待，而非你缺乏什么。其实，你什么都不缺。欲望是非物质层面的，如果一直想用物质去填补，不但走错路，而且是走到死路。

在佛陀时代，有一位国王，所拥有的财富可以说是富甲天下，他深信今生的位高权重，是他过去布施、造福的结果，为了来世也能有像今生的果报，因此他常捐钱造桥、铺路，救济他的人民。

有一天，他开启宝库，以七天的时间为限，发出通告说：“人不分远近，不分种族，只要来此，一定有求必应。”他把金子分成一堆一堆，来求助的人，每人固定给一堆。佛陀知道这位国王的用意，他这样的造福，并不是真正的解脱，因为他还是有所求，求来生福报。佛陀为了要渡化他，

化成一个乞丐来到国王面前。

国王说：“你有什么困难尽管说，不用客气，我一定满足你的需求。”

乞丐说：“我知道国王喜爱布施造福，所以我要来求取财物。”

国王说：“好，那你就拿一堆吧！”

乞丐拿了一堆金子就走，可是只走了七步，他又回过头来把金子放回原处。国王问：“为什么又送回来呢？”

乞丐说：“本来我想三餐温饱就可满足，但现在有这些金子，却还过着如此流浪的生活，觉得欠缺了安全感，所以希望盖一栋房子，然后娶妻生子。”

国王听了觉得有道理，就说：“你可再拿一堆。”

他真的再拿一堆，走了几步又回头放回原位。国王疑惑地再问：“又怎么啦？”

乞丐回答说：“我算一算仍然不够，因为即使房子盖好，娶了妻，生了子，我还得请一些奴婢来服侍妻儿，或者把房子装潢得漂亮一点，所以算起来仍是不够用！”

国王就说：“好吧！那你拿三堆去，这样就足够让你娶妻、建屋，请人服侍了。”

于是乞丐拿了三堆金子，转过身便走。走了七步，他又回头把东西放在原处。

国王微怒道：“你真是一个怪人，够你盖房子、娶妻，也够你请奴婢了，这些你还嫌不足吗？这些财物可以让你享受一生啊！”

乞丐叹道：“我再怎样计算，仍觉得不够，即使什么都有了，可是儿子长大也要娶媳，人生一世确实是追求不完，也做不完。况且人生无常，我宁可过着目前这种朴实自在的日子，没有精神的负担及家室之累，可以清净地过一生，我认为目前的生活逍遥自在，就是我最理想的生活方式。”

国王听了，觉得这个乞丐见解不凡，希望能和他多多学习。佛陀告知自己的真实身份，国王便皈依了佛陀，成为他的弟子，精进修行，不再贪图人间福报。

我们可以拥有财富、豪宅、名车和一切你想要的东西，只要你能看透万事万物的本质都是你的投射，只要你能保持觉醒的状态，你拥有什么都不要紧，至少你不会迷失在里面。

有一个富翁，拥有财富万千，却到处哭穷。有人问他：“你万贯家财，怎还哭穷？”

他说：“不知道什么时候会有水灾或火灾，所谓‘水火无情’，财富可能在一瞬间就消失啊！”

旁人说：“哪有这么多的水火？”富翁说：“贪官污吏也会抢夺我的财富啊！”

旁人说：“哪有那么多的贪官污吏？”

富翁回说：“不肖子孙也会倾家荡产啊！”富翁接着又说：“还有小

偷、强盗、通货膨胀、金融风暴、经济不景气等，都可能使我的财富一夕之间化为乌有，因为财富乃五家所共有，我怎么能不穷呢？”

相反的，有一个农夫经常告诉人家，说他是全国最有钱的富翁，有人用质疑的眼光问他：“你只是个庄稼汉，会有那么多财富？”

农夫说：“第一，我的身体很健康，再者我有一位贤惠的妻子，我还有一群孝顺的儿女，更重要的是，我每天愉快地工作，到了秋冬的时候，农产品都会有很好的收成，你说我怎么不是世上最富有的人呢？”

那人恭敬地对他说：“你不愧是一个最懂得人生之道、最具有智慧的富者。”

人只要不懂得知足，欲望就不可能被满足。因为拥有物质，同时也拥有了牵挂与烦恼，害怕失去就愈去追求，欲望跟着来，因果循环，环环相扣，跟富翁一样，享有了财富，还是不得快乐。

佛陀在《金刚经》想告诉我们的真相：你可以拥有一切，但你要知道实际上你根本没有拥有过什么东西，你才是真的拥有一切。就像富翁拥有了财富却不会运用，只担心它被人拿走，有等于没有；而农夫虽没能拥有钱财，但他发现真正的财富来自于家人的爱及知足的心，所以他活得很自在快乐，才是真富有。

物质上的富有，只是暂时性感官上的满足，在心灵上却只会更加空虚、不安，因有了还想要更多。唯有改邪归正，把往外求的念头、欲望终止掉，改往内在寻求心灵上的富足，以及珍惜身边所拥有的事物，你的内心不再感到空虚，不再被欲望控制，你会感受到其实所拥有的不只是眼前看到的，而是全世界。

所以，智者说：“知足者，身贫而心富；贪得者，身富而心贫。”你想成为身富心贫的富翁，还是身贫心富的农夫，决定在于你的一念之间。

我的关照笔记

15
时间不可逆转，人生是没有倒带键的现场直播

从物理学的角度来看，时间是不可逆转的，过去已经发生的事，也是不可逆转的，一个杯子被打破了，即使你修补得再漂亮，它也已经不是之前那个杯子了。因此，不要执著于过去的事情，也不要妄想时光可以倒退。就算曾有美好的经历也不要执著，否则，就会像前面所说的狗追影子，去渴求那已不存在的东西，而这些渴求，正是所有痛苦的源头。

有个朋友在逛国际书展时，有人向他推销一套价值上万元的书，生性节俭的他，连花个几百块买件衣服都舍不得，竟然被那位推销员给说服了，原因是他当时想学英文，若买下那套书就赠送一套英文教学，所以他觉得很划算。

不过当书籍寄到家时，他就后悔了，一来家中没有多余的空间让他存放那么多书；二来要分期缴纳的金额更不是一笔小数目。结果，他连包装都没拆，就把书堆放到不会碍事也不起眼的地方，眼不见为净，不然每见一次，就懊悔一次。

我想很多人都有类似的经验，感觉自己被骗钱、被骗感情。或是懊恼如果当初做另一个决定，现在一定会更好，一心想回到当初做决定的时间点，希望能阻止事情发生，那么现在就不会那么痛苦难挨。

其实，即使能让你回到当初的时间点，你的抉择依然会是同一条路。没有经历、走过那段时光，你就不会发现它的好与坏。就像那些有暴力倾向的丈夫，每次打完太太，心情平复后看到太太身上的伤，虽然会拼命道歉，悔恨自己做错了事，并发誓下次不再犯，但等下次心情不好，他依旧会出手打人。只要想法不变、观念不改，纵使时间能让我们倒转，结果还是一样的。

过去那些跌跌撞撞、惨不忍睹或是美不胜收的画面，只是要让我们开悟用的，经历过那些事情，你才会知道要改变，才会去珍惜当下，也才会学到观念要转弯。不经过那些事，你不会衍生出智慧来，也不会反省自己。这些智慧和反省，正是人和动物最大的差别。但我们却把过去当成收集痛苦的相簿，放在脑子里，有事没事就拿出来翻阅，在自己的心灵伤口上撒盐，残害自己。

如果你仔细看看头脑所储存的画面，一定是痛苦的比快乐的多。人心是很矛盾的，想要过快乐的日子，却保留那些让自己不愉快的事。就如同有人想要吃西瓜，却在田里播下苦瓜的种子，不管你施再好、再多的肥料，长出来的一定是苦瓜，不可能变成西瓜。

你有没有好好想过，“苦”到底是什么？它是何方神圣？长相如何？

不要执着于过去的事情，也不要妄想时光可以倒退。

从何而来？我们抓不到它，也描绘不出来，因为它只是种很虚幻的感觉。每当它在时，我们的身心会感到不舒服，像是有块大石头压住心脏，让心里难受。

“苦”几乎是跟着“过去”而来，只要想到过去，苦就出现了。但奇妙的是，人就是不想忘掉过去，好像没有了过去，就不能活着，这个观念真是大错特错。因为唯有抛弃过去，你才能真正地活着。就好像你想要到便利商店买瓶可乐喝，就一定要先抛弃在家里坐着的状态，才能走得出去。否则，你永远只是呆坐在沙发上，喝不到冰凉的饮料。

所以，佛陀教我们渡脱一切苦厄的方法，就是丢弃那本放在头脑里的相簿。忘掉过去，才能拥有未来，没有过去的色相，苦就不会现形。也就在这时候，你才能重新播下西瓜的种子，吃到你想要的西瓜，过你真正想要的日子。

我们总是被情爱和钱财两条大绳索牵绊，这两项是人世间最难舍弃的东西。就因他们曾是我的丈夫、妻子、儿女、朋友……所以剪不断对他们的情，拥有过就难以接受失去他们的痛苦。我们依靠这些情感过活，觉得自己要拥有他们，活着才有安全感。

其实真的是这样吗？这一切只是我们不敢接受自己是“单独”的事实，我们害怕孤单，恐惧无所依靠。但说实在的，谁不是单独存在于世上呢？就算你子孙成群，享有众人对你的敬仰，跟随着你，最后来到死这个目的地，你依旧独自一人而走。或许有人愿意和你同一时间死亡，但黄泉路上是不会相逢的。你有你的业报，他有他的债要还。就像是睡在你旁边的人，即使是同一时间入睡，也不会在梦中相遇。

如同庄子在面对自己儿子死亡时，并没有表现出任何悲伤。旁人看到了，很好奇地问：“难道你儿子死了，你一点都不悲伤吗？”庄子淡淡地说：“他没出生前，我活得好好的，他在的时候，我还是这样活。现在他走了，只是又回到没有他的日子，有什么好难过的？”

我们必须明了：所看到的万事万物，都只是因缘假合而存在。不管是快乐的、如意的、悲伤的、痛苦的，都会因为时间的流逝而有所变动。只有自己去面对自我，觉悟出自己要为自己而活，不再依赖身外之物，你才能走出轮回的迷宫。

记得，过去是死的，当下才是活的，不要让死的东西控制着我们，忘掉过去，活在当下，你才能脱离苦海，跨进极乐的大门。

我的关照笔记

16
先去经历一切，才能超越它

没有你的感官、大脑、神经和美感意识，美就不存在。就像一个男人没有了男性荷尔蒙，再美的美女在眼前，他也感受不到美。

美是上帝给我们的礼物，当我们还能感受到美时，要珍惜，不要压抑和批判；一旦没有感觉，也不用太贪恋勉强，一切如来如去，没有任何沾染。但也不要因为万缘是空，就去否定美和艺术，佛陀从没有教人要否定一切，美是有，也是空；是非有，也是非空。保持中观或中道的觉知状态，才能像一面镜子一样，照映美的来与去，不论世间万物有多美，都不会沾染明镜般的心。

有个故事：从前，有一个国王以音乐供养佛陀，每当他弹奏音乐时，佛陀的弟子迦叶，就会站起来跳舞，看到迦叶跳舞，国王很疑惑地问佛陀：“迦叶不是已经证得了阿罗汉果了吗？应该已经超越了烦恼法，怎么还执著音乐，我弹起音乐，他就起来跳舞呢？”

佛陀跟他讲：“没有，其实他没有跳舞。”国王不懂佛陀的意思，但也不好再询问下去。

国王就继续弹下去，音乐一起，迦叶又起来跳舞，国王难以掩藏心中的不解，再问佛陀："您说迦叶没跳舞，现在他又跳了啦！"

佛陀回说："他没有跳。"

国王不敢再问，默默地继续弹下去，但音乐一起，迦叶又跳了。国王终于忍不住，开宗明义问："您说他没在跳舞，要说个道理给我听，他明明在跳舞呀！"

佛陀这才跟他说明原因。

佛陀说："你在弹音乐的时候，我们这山河大地有没有反应？"

国王说："没有反应。"

佛陀反驳说："怎没有反应，在山崖这边大声'啊'一声，那边的山也会'啊'的反应一声，你的声波振到树木，树叶也会振动，怎么没有反应呢？自然界碰到什么相，它都会有反应。"

国王才恍然大悟地说："对！有反应。"

佛陀继续说："那迦叶听到你的音乐，他也反应了，你停他就停，但他有没有执著你的音乐，他只是跟十方众生一样，你起了什么缘，他就应什么缘，但他内心没有分别心，他内心坦荡荡，不会说这音乐好或不好听，他只是随着音乐，自然的起来跳舞而已。"

人在年轻时，通常会热衷于美的事物，就像迦叶听到音乐，会随之起舞。

但到了四十岁，应该学着从另一个角度来看这些现象，要有超越的角度，来欣赏另一种美，而不是年轻时的那种占有和执著。

但重点是：趁年轻时去大胆经历一切，如果没有亲身经历，就无法在四十岁后超越这些体验，就好比没有游过泳的人，你叫他四十岁后，怎能教人家如何游泳？

先去经历一切，才能超越它。对于美的事物也是如此：弘一大师三十九岁时看透了美的本质，潇洒地放掉他收藏的艺术品和诗词、乐曲，因为他知道，过去他只是沉浸在精神生活的快乐，现在他要提升到灵性生活的修炼。人生皆如此，都从对物质的眷恋，到精神生活的享受，再到灵性生活的觉醒。

千万别逼一个小孩子或年轻人去修行，因为，他们都还没经过人生的自然阶段，就像春、夏、秋、冬递嬗一样。对于美也是如此，很多年轻人迷恋车子或模型，有些年轻人爱好艺术，那都只是人生的一个阶段。可以享受美感，但不要以假为真，本末倒置，颠倒梦想。

曾经看过一则报道：有个明星曾赚取大把的钞票，买名车、豪宅、吸毒、玩女人，过着纸醉金迷、醉生梦死的生活。为赚更多的钱，他曾经远走他乡，后来成为东南亚地带知名的主持人、广播人。当他人气正旺，事业达到最顶峰，沉醉于成功的享乐时，竟发现自己罹患白血病。

抗癌过程成为他人生的转折点。刚开始他自暴自弃，不肯接受事实，但经由周遭的朋友、病友的劝导，慢慢从内心接受自己，和其他的病友们彼此扶持照顾。身旁的病友相继去世，他一个一个送他们走，直到只剩下他和另外一人。他常想，老天为何留下他？出院后，他重回主持节目的工作，然而他不再只是为了赚钱，而是想唤醒曾和他一样迷失在物质生活里的人，希望他们能够迷途知返；他到戒毒中心，分享自己戒毒的

过程，鼓励青年朋友找回自己；之后，他也成立癌症互助协会，帮助癌症病患走完最终的路程，并为他们送餐、按摩，乐此不疲。

他曾拥有过、享受过、失去过、痛苦过，经历了人生的四季变化，才能从更深层次上认识生命的真谛。他感念过去，若未曾体验这过程，可能也不会发觉，他的人生是可以如此多彩多姿，甚至还能够以身作则。

形体上的美如同幻灯片，没有了电，没有灯泡和银幕，即无法显现一切，只是张图像，没有任何意义。

有句经典广告台词：认真的女人最美。美不在于长得美，体态的美，而是出自为完成事物的那份心念，散发出那股专注、精神之美。

到了不惑之年，追寻的不再是外相肤浅的美，已看四十年了，要看腻了、烦了，应该进一步在行住坐卧中感受生活之美。不管看到美的、丑的、好的、坏的，能以平常心对待，不以物喜，不以己悲，以欣赏的角度去看待周遭的事物，往自己内心找回平静和满足，进而在灵性生活上提升自己的生命境界。

美，不只是一种艺术，也是一种感受，当你心中有了美的感动，放眼望去，自然无处不是美。

我的关照笔记

17
不得罪人是不可能的，圣者也有敌人

不得罪人是不可能的，佛陀这样的圣者也有敌人。

活着，就不要太在意别人的批评，因为，你再用心、慈悲，也无法尽如人意。在说话时，牙齿都会咬到舌头，自己的口舌都难以控制，更何况是长在别人身上的嘴。

佛陀教世人要“观自在”，只要观看自己，认识自己，就能够活得自在，但我们的眼睛、耳朵就是不听话，爱追寻外界的讯息，尤其是对自己的风评，更为注意，更加提高警觉，听到一小段话，就自己对号入座，以为别人在谈论自己，心里七上八下，整天过得不自在，结果别人只是在谈论他家的狗，自己才清醒过来，原来被自己摆了一道。

日本有位白隐禅师，他的崇高修为，被邻居们尊奉为过着纯洁生活的人。

有个女孩未婚怀孕，她父母知道了非常生气，严厉逼问女孩，对方是谁?

女孩先是不肯说，后来实在躲不过去了，说出了白隐禅师的名字。

她的父母听到勃然大怒，气冲冲地去找白隐禅师算账，白隐禅师听完后，只说了一句："哦，是这样吗？"

孩子出生以后，就被送到白隐禅师那里照顾。

此时白隐禅师已经名誉扫地，然而他并未因此受到干扰，默默忍受着他人的白眼与非议，独自准备孩子所需的一切用品，悉心照料这个幼小的生命。

一年以后，年轻的妈妈实在忍受不了良心的责备，终于将实情告诉了她的父母亲，孩子真正的生父是外村的一个年轻人。她的父母亲得知真相后大吃一惊，立即去找白隐禅师，向他表示深深的歉意，诚恳的请求他的宽恕，并将孩子领回。

白隐禅师把孩子送还给他们时，只轻轻地说了一句："哦，是这样吗？"

白隐禅师心中不起任何嗔恨、不平，因其心中没有感到"我"被冤枉，问题来了，只是顺势接下手来，把它处理好；问题走了，则放手让它离开。禅师不受外在事物叨扰清静的心，才能过着身心自在的修行生活。

我有一位朋友，个性温和，不爱跟人计较，和同事间相处得很融洽。有天下班时，发现自己的车子被人刮得惨不忍睹，左思右想自己得罪谁，却也不得其解。问同事，同事替他抱屈，还扬言若找到那个人，必定要好好地修理他。

我朋友只好自认倒霉，花了几万块，把车子重烤漆。过了一个月，他准备下班回家时，竟有位同事跑来，告诉我朋友，车子是他刮伤的，他原本是想要报复另外一个人，结果认错车，造成一场误会，并愿意赔偿损失，希望帮他保守这个秘密。我那朋友看他诚心道歉，也当作没这回事，大家还是和平相处。

在这世间，你不犯人，他人却会主动跑来找你算账，平白无故被人陷害，冠上莫名其妙的罪名，让你身处窘境，或是努力了大半辈子却不得志，其实这些事情不是空穴来风，事出必有因。

汉朝李广才气过人，胳臂长，善射箭。景帝即位时，提升为将军，曾经与匈奴交战七十多次，每次制敌机先，匈奴称他为“飞将军”。武帝在位时，曾派李广镇守右北平，匈奴听说李广来了，纷纷感到畏惧而相率逃避，多年不敢侵入境内。

然而李广一生命运不济，他的部下得机会封侯者不少，而李广始终不得侯爵。他曾询问相命专家王朔说：“难道我的相貌不配封侯吗？或是命中注定不该受爵？”王朔说：“将军自当省察，平生是否做过愧对良心的恨事？”

李广说：“过去我镇守陇西时，羌人造反，我曾使用诈术，诱羌兵八百多人投降，加以坑杀，至今追悔不及，感到终身饮恨。”

王朔说：“最大的罪咎，莫过于使用诈术，最大的灾祸，莫过于杀害已降，这就是将军平生不得封侯的原因了。”最后，李广死于非命。

想起一位朋友的故事：他是位检察官，为人正直清廉。年轻时很喜欢钓鱼，一有空闲，到处找朋友出海钓鱼。他身上有种怪病，晚上只要躺下来睡觉时，背脊就会感觉一阵阵酸麻，到医院去检查，却找不出原因，这种病跟了他三十几年，让他无法安眠。

快到退休年龄的他，最近却莫名扯上贪污案，被人做假证，陷害入狱。还好他修行有为，去狱里看他时，他也不起怨恨心，还告诉我，这样也不错，可以趁机休息，过过不一样的生活。因他办案经验丰富，其他的检察官遇到问题都来请教他，因而成为他们的顾问，也正好将经验传授给下一代。

就这样无辜坐了三个月的牢，事情终于水落石出，最后无罪释放。从狱中出来后，他晚上都可一觉到天亮，背脊不再感到酸麻，反将宿病给治好了。

之后他想起过去爱钓鱼，喜欢鱼被钓起来的快感，因而投射到他的背脊上，让他受此痛苦，这次被人冤枉入狱，正是让他还清

业报的时机。

因此，别妄想全世界的人都喜欢你，因你不知道在哪个时空里，得罪、伤害了人，而不自知，不自觉，只是时机到了，对方以牙还牙而已。当遇到冤屈、不平、毁谤时，不要感到痛苦、难过，把它看作是在帮你消业障，前世欠债，今生来还清，还完了，账清干净了，你和他人的恩怨才能结清，下辈子才不会继续再来纠缠。

遇到逆境时要心存感谢，它的出现可以让你重新认识自己，让你有机会还清过去世中欠人的因缘果报。因我们的智慧不够，只能知道此世所做之事，不了解前一世自己做过什么，唯有它们来找你时，才有机会看到过去的我。

既然我们无法知道自身果报，到底欠了多少债没还，债主还会不会上门讨债，何不多学学弥勒菩萨的“大肚能容天下事，笑开天下古今愁，逍遥自在过完这一生”。

我的关照笔记

18
太迷恋某样东西，没有对错

你愈心爱的东西，愈要耗费你的生命和各种资源来获得。看人家开帅气名车，别忘了养车也要一笔大花费；看人家结交了个模特儿般的美女，别忘了，美女光洗头、SPA护肤、擦胶原蛋白和吃宫廷养生美食，再去买名牌衣服与包包，可能就要花掉你一年的薪水。

太迷恋、太贪爱某样东西或某一个人，不是明智的事，等于是慢性自杀。其实，你迷的只是自己内心投射出来的幻象，它根本不存在，当被你投射的人或东西，无法按你所期待的来配合演出时，你就会崩溃，然后再去找下一个被投射的对象。

俗话说："色不迷人，人自迷。"很多帅哥自己不觉得帅，但有些女人会自己对号入座，开始帮帅哥编造他的家世背景和生活习惯，甚至认定帅哥一定都有很多女朋友或追求者，然后只要求帅哥把自己排在第几名即可。说来可笑又荒谬，这世间每个人，都在和自己的头脑玩游戏，都在追求头脑创造出来的梦，不惜成本，甚至床头金尽、一无所有也在所不惜。

其实，会迷恋某个人或某件事，从整个人生的角度来看，也不见得是坏事，除非你死到临头仍然执迷不悟，否则，很多人都会从自己的幻觉中醒来，可能是期待落空，例如：被人骗钱或被人欺骗感情……幻灭后的痛苦，把他拉回现实，他才真正能体验到什么是空，什么是自己头脑创造出来的幻觉。

在社会上能够奉献自己，拥有大爱精神的人，在背后总是有一段不为人知的过去，因痛过才会有勇气和毅力从幻觉中觉醒。例如有些中年妇女，不幸遭遇到家庭变故，经历丈夫背叛、失去小孩的痛苦，才让她们重新思考自己的人生，有些人去当义工，有些人省吃俭用，把省下的钱用来帮助孤儿院的孤儿，等等。

因此，真正觉醒，领悟了佛陀所说的“色不异空”，这也是一件好事。尤其四十岁，该迷恋的，应该都迷恋过了，如果年过四十还没做过荒唐事或追求梦想，最好要赶快让自己去迷恋你最想要的事。否则，到了中老年才忽然间跌入自己的幻觉深渊中，反而会无法自拔，一蹶不振。

有个朋友，四十岁后才接触到风月场所，结果从此跌入这个深渊，妻儿不要了，把房子也卖了，十几年来每天泡在夜店或舞厅里。他说，唯有这样他才感觉自己是活着的。

这没有对错，也不要用道德来批判他，他内在想做梦的能量如此强，不妨就让他去全心投入地演这场梦。总有一天，他会看透一切都只是他头脑投射出来的虚幻场景和情节；总有一天，他会了解自己为何这么迷恋这个梦。

我曾经搭乘一位中年帅哥司机所开的出租车，他以前也算是个富二代，他说之所以会沦落到开出租车为生，是因为他本来有个很贤淑顾家的老婆，有一天被朋友带去夜店庆生，从此，她就每天精心打扮，夜夜泡在酒吧或舞厅里，把家产花光了，孩子也不照顾。他为了孩子，只好白天打工，晚上出来开出租车，到现在还不懂为何老婆会忽然变了一个人。

还曾听说过一个失业的男子，落魄到没有房子住，遇到善心人士的救济，让他有屋子遮身，找到工作，后来也成家了。他感激善心人士的帮助，让他能够重新做人，所以，他也发挥人溺己溺的精神，来报答这份恩情。只要听到哪里需要帮忙，他二话不说，尽全力帮助。但是，他没有衡量自己的能力，只顾着他人的需要，妻子和小孩在家里常常饿着肚子，他却视若无睹，还劝妻子说，救人比较重要。某天，小孩发着高烧，正需要钱看医生，但他却拿那笔医药费去捐献，害小孩无法就医，差点引发肺炎。他的妻子忍受不了他的行为，带着小孩离他而去，他也不为所动。邻居看到他这种行为，都骂他是个傻子，他却发誓要做个快乐的善心傻子。

迷恋的背后动力，来自个人的业力和执著。如同之前或上辈子刷了卡，这辈子要来付账及利息一样。如果有人真的迷恋一件事或人，怎么劝也劝不了，不如就让他去体验吧！这也是修行之一。

有个尼姑，求悟心切，特地造了一尊镶金的漂亮佛像随身带着，不管走到哪里，那尊佛像总与她形影不离，走到哪儿，膜拜到哪儿。

后来，她落脚于乡下的一座小庙，庙里的佛像好多，各有一个龛供着。这位尼姑原本可将她的那尊佛也安置在一个龛里就行了，不过，因她迷恋自己的佛像，不愿意她的香烟泽及其他的佛像，只愿在自己的金佛前烧香，也只愿她烧的香惠及她的金佛。

但是，烟是会四处飘散的，不可能只围绕她的佛像四周，于是她就千方百计的设计了一个漏斗形烟囱，让香烟只飘向她的金佛。这下子问题解决了，她安安心心的每天拜她的佛。

结果，没过多久，金佛的鼻子被烟熏黑了，原来美丽的佛像，变成黑鼻子佛像，成了别人的笑柄。

于是她去请教老和尚要如何解决这个问题，老和尚笑着说：“所有的佛像都一样，它们代表的是同一个人，是你太迷恋自己的佛像，佛像趁机教化你，迷恋会让你受到污染。现在你只要把佛像送到金匠那里去磨光，但从今以后，你只要惦记着佛，不论香烟会飘向哪尊佛像，你应该要为此高兴，因为每一尊佛像都代表着同一个人。”女尼当下领悟，从此不再为佛像而苦恼了。

迷恋某个东西，没有对错，只是你是否有觉知自己在迷恋的东西，最怕的是，没有知觉，像失去了味觉，吃不出酸甜苦辣的味道，找不到源头，无法寻根断念，这才令人担忧。

时间到了，缘到了，老天会给你觉醒的机会，只是机会来了，到府上敲你的门时，你是不是能够把握，适时打开心门，转迷成悟，就要看你的造化了。

❀ 我的关照笔记

19 每个人心里都有感情创伤，总想找人填补

什么是感情？感觉加情绪，只要有一点误解或不对味，感情就会变调。中国人的老祖先很聪明，会用很多现实资源来锁住一个人，才有大家庭的团圆和繁荣。

如不顾现实的要求，只谈感情和感觉，是非常不稳定而且虚幻的，因为，感觉是捉摸不定的，会像电影里的吉普赛人一样，永远孤单的漂泊流浪。

阿玛斯在他的著作《钻石途径》里说，每个人心里都有感情创伤，这些创伤就像坑洞一样，让人觉得心少了一块，空洞洞的，有不安及匮乏感，因此，人们总要找一些他们自己觉得可以填补心里坑洞的人，来让自己依靠，让自己不再是孤单空虚的灵魂，这就是他提出的“坑洞理论”。

从这个角度看，人们互相追逐及伤害的亲密关系或感情，说穿了都只是一种找人来填补自己心里坑洞的游戏，一旦这个亲密爱人离开你或消逝，你的坑洞就又开始空虚起来，于是，你会急着去找下一个填洞的人。

讽刺的是，这个亲密爱人一旦消逝或离开，你并不是因为他的离开或缺席而感到难过，只是因为自己的完整性被破坏了，坑洞又出现了而感到悲伤，意思是说，你的伤感，并不是因为失去某个人，而是失去自己的一部分。

阿玛斯说，如果我们不能勇敢面对自己的坑洞空虚，就永远只能活在这种依赖别人来填洞，才能活下去的无聊游戏里。如果我们不能从内心深处自觉到，其实我们的本体，或者是内在本性什么都不缺，我们的坑洞将愈来愈多。

其实，阿玛斯的"坑洞理论"也就是佛法所说的"我执"所创造出来的妄觉。我们都以为自己是空虚的、孤单的，所以我们会起心动念去寻求外在世界的各种资源，来填补自己心中那些永远填不满的无底洞。

曾经听过一个杀人犯杀死女友的动机，只因女友不听他的话外出工作。在警方侦讯的过程中，他们才得知，杀人犯的母亲曾在他十岁时，因为工作时发生意外而身亡。所以，他不想让女友去工作，其实是害怕女友步母亲的后尘。

只是，杀人犯平常不让女友出门，女友一个人待在家中无聊，才在家附近的超市打工，却因为被男友发现，并被要求不能再去工作。两人争吵之余，女友提出分手。男友无法接受她要离去的事实，失手将她杀害，成了杀人犯。

这个杀人犯的心中，从小就缺少母爱，刚好这位女孩让他找到这份遗失已久的感情。杀人犯怕失去她，其实是害怕自己将再一次失去母亲的感觉。但他没想到，杀了她，这份感情也随之而逝。

人会感觉自己不完美，大部分是你身旁的人加付给你的，就像杀人犯找寻母亲的感觉，是因为看到别人都有妈妈的疼爱，而自己却没有，于是在他的自我意识中，感觉总差了别人一大截。为了追求失去的感情，会让你试图在另一个人的身上找到弥补。但其实，你所付出的感情，只是为了让对方来满足你的需求，达到你对自我的期许。以这为目的的感情，往往就是痛苦的起源。

除了这种情况，往往，我们所付出的感情，却是想从别人身上得到归属感。例如，我们常会执著于“我照顾你”“我爱你”“我疼你”……因为我有付出，你就必须回报我。如果没有得到应有的报酬，我们就会怨恨、嫉妒、抱怨、失落……

我有个朋友，每次和他去吃饭，他总是抢着付钱，口头上也常说“我们都是好朋友”“不要计较那么多”“让我来照顾你们”。有一天，几个朋友要去爬山，因为知道他近来体力不太好，就没打电话邀他一起去。事后被他发现，他大发雷霆，即使几个朋友已向他道过歉，他还是不肯原谅。在他的心里总觉得，我对你这么好，你怎么可以不把我放在心上？此后他不再和我们往来，见了面比陌生人还冷漠。

确实，我们的感情一直在寻找需要及被需要的空缺，有它的存在，我们才觉得自己活得有价值、有目的。如同藤蔓必须借由墙壁才能够生长，靠着外境这面墙，感情才有所依附。

之前，从报纸上看到一篇报道：有位妈妈自从小孩被绑架撕票后，心里非常悲恸，她无法接受这个事实。因此，每天傍晚一定要去小孩的学校，看小朋友排队放学回家，她就这样呆坐在车上看着小朋友们，渴望能有一天看到自己的小孩出现。整整一年，学校外从没失去她的踪影。

有一天，一辆不守规则的轿车红灯未停，差点撞上正在过马路的小朋友，这位妈妈终于惊醒过来，她发觉到，我的小孩死去了，但还有其他的小孩需要关心。从此，她变成小朋友的引路妈妈，让小朋友们可以安心过马路。其他的时间，她就到孤儿院帮忙，照顾那些需要被疼爱的孤儿。

事实上，我们何必一定要靠别人来填洞？也许你自觉是个被遗弃的人、也许自卑、丑陋，如果看透了，会有这些阴影，都只是和别人比较而来的结果，有了比较，才会觉得自己是个有空洞的人。只要我们能接受自己，还有谁不能接受我们?

佛陀说我们和他一样，都是天上地下独一无二的人，这世上找不到第二个你。因此，先肯定自己的独特，能在单独的自我中得到快乐的人，才会有爱人的能力。

只有在不需要依靠身外的人事物来满足自己，只想分享，没有占有的念头时，我们的感情才是真切的，你不会在乎是否有响应，就像太阳贡献它的热能，种子感受它的光和热而发芽成长，太阳不会因种子发不发芽而改变它自身，它只是存在那里表达自己。如果不是这种想法，感情只是一场自私的交易，只是一场游戏，只是一个填洞的工具而已。

想用感情去捕捉能够填补心中空虚的对象，就如同蜘蛛用来捕捉猎物所织出的网，虽然短期内能见效，但风一吹就破了，破了再织，仿佛一生只为织网而活。如同蜘蛛网挡不住风的侵袭，感情也禁不住无常的变化，若你还沉睡在感情的网里，就将永无止尽为它所苦。

认清人世间的感情，都是填洞游戏，你不能把这游戏当真，才能有自我，才能看清自己创造出来的种种妄觉假象，才能离苦自在。

✤ 我的关照笔记

第三篇

佛说，你无法真正占有任何人，包括你自己

20 人之所以会觉得苦，是因为活在别人的期待中

很多人都以为只要忘掉痛苦，记住快乐，人生就可以幸福，但现实人生却是相反的，很多人容易忘掉快乐的事，痛苦的事却一辈子忘不了。

禅师常叫人要“放下”，这个“放下”，就是不要卡在心里干扰你的身心和生活，有快乐的事，过了就要放下。

同样的，有痛苦的事也要放下，放下这两个字只要能参透，就能离苦自在。

然而，一般人都没有智慧去想透，我们所谓的快乐和痛苦是一体两面的，一个手心一个手背，你无法只要快乐不要痛苦，他们永远是买一送一，只要你起心动念想要有快乐，痛苦早就在你心底准备好上场了。

同样的道理，有痛苦，也会有快乐，因此，顺境时不需要太得意忘形，逆境时也没有必要逼死自己。

任何事放不下，就是心有所住，有挂碍，有干扰，你就无法看见真正的自己，更无法看清很多事情的真面目。

快乐与痛苦既是一体两面，能放下快乐的，应该也可以放下痛苦。年过四十，千万不要再像很多小朋友一样，吃饭只挑爱吃的，讨厌的菜就丢到桌子底下。只图享乐而不要痛苦，那么，年纪愈大，痛苦就愈多，愈无法解脱。

我常觉得人是种自虐的动物，我们常常拿痛苦的针刺自己，不然就拿利刃砍自己，让自己过得痛苦，不自在。例如，有些人喜欢去游乐场玩刺激的游乐设施，坐上去还没启动，就开始尖叫，叫到游戏结束，马上跑到厕所呕吐；不然就是吓哭了，吐完了，眼泪擦干了，朋友一邀，还是继续再玩，再经历一次痛苦，坐玩后，又吐又哭。

年仅六岁的小侄女曾经告诉我，她会失眠，晚上会睡不着，原因是白天妈妈骂她，说她不听话，没有把菜吃完，晚上睡觉前就会回想到白天妈妈所骂她的话，让她难过得睡不着。

另外，有位已经八十多岁的老邻居，有一次我和她聊天时，谈话的内容不小心让她想到小时候被人骂过的一句话，她竟然还是会难过得掉下泪来。

人不管年纪多大，不管他已经经历过多少的风风雨雨，在心中还是很难忘怀曾经被伤害过的那个感觉，想到一次就痛一次，痛了几十年了，还是痛不够，不想放掉它。可是人虽然都渴求过好日子，却很少人把快乐的事物真正放在心里面。

一般人的想法，活着就是要享受人生，过得快乐被视为理所当然，因此，它不被人记住。反倒是痛的、苦的，认为是人生不该有的，不想要有的，愈想排斥它，避开它，相对的，对它的敏感度也就愈强，而使得让你在乎痛苦的程度胜过于快乐，才会让痛苦占满你的记忆。

我们愈想要逃避的事情，愈是会出现在你面前。当你在等公交车时，常会有这种感觉：只要是你想搭乘的公交车，你会感觉到班次怎么这么少，其他你不想搭的公交车，班次却那么多。可是，当你下次改搭另一线公交车时，又会觉得怎么这线的公交车班次这么少。

有个朋友，他本身很不喜欢动脑筋写东西，所以，他总是找不需动脑筋的工作，可是很奇怪，虽然他份内工作不需要动脑筋，却老是被老板叫去写企划案，于是他索性辞职不做。但是下个工作，情况也是一样，他再次逃避，辞职不干了。找到第三个工作时，我就劝他，若这次又要你写的话，你先试着写看看，不要逃避。果真，他又面临写的难关，但这次听了我的话，决定不再逃避。后来很高兴地跟我说，原来写东西并没想象的那么难。

所以，困境来时，只要你愿意去面对，先试着承受并用心体验它带来的痛苦，你才会享受到放下它时的快乐；若你不面对，嫌它重不提它，那你就错失一次快乐的机会。

有些人很喜欢出国旅游，离开了这片土地，似乎就可以忘却一切总总，放下快乐、悲伤。那时的你，因放下了所有的一切事务，心境会感觉到特别的舒服，这就是所谓放下的境界。但这只是暂时地放下，等到回国时，手机开始响了，又要面对以及处理一切你讨厌的事，你的情绪又开始波动，烦躁的心又回来了。

因此，出国旅游只是个转换心情的一种方式，不要把它当成是可以解除痛苦烦恼的特效药，不然你的药瘾愈来愈大，将来只好躲到月球去旅行。

人之所以会觉得苦，是因为活在别人的期待中，我们的眼睛、耳朵就像狗仔队，随时随地去捕捉别人的话语，只要一听到，脑中自动产生画面，好的方面就高兴，坏的就伤心、难过。岂知，你所看到、听到的事物，只是个假合的状态，就像你现在会看着这篇文章，必须你踏出了家门，走进书店，看到这本书的封面、书名引起你的兴趣，你拿起来翻读，才会看到现在的文字，引发出你的观感。

所以，我们所遇到的境界，只是因缘聚合而成，但我们却把它当成真的，存放在心里面，一有相的产生，就难以去除掉。所谓的放下，就像我们挂在墙壁上的拼图，一块一块慢慢把它拿下，把过去曾经在我们脑中所产生的“相”，一件一件试着把它忘掉。把拼图拆了，把“相”拿掉了，我们才能看见原本干净的墙壁、原来的你，不然我们只会一味看到别人眼中的自己。

说“放下”两字很轻松，要确实做到需要花时间去达成，就像要拆掉你辛苦组合成的拼图，是很挣扎的。但你必须要鼓起勇气去做，你才能拥有新的空间。

当我们遇到或再次想起好与不好的事项时，先不要急着去反应它，先去观察它，去找到它为何会让你有情绪波动的原因，是因为他的话、眼神，还是其他……再进一步了解为何自己会这么在意。告诉自己多练习几次、多拆几次，渐渐地你脑中的“相”会被你一一拿掉，被你在观察它的同时，放下了它。

有一次，一位信徒前去拜访赵州禅师，因为没有准备礼品，所以非常歉意地说：“我空手来！”

赵州禅师望着信徒，说：“既是空手而来，那就请放下来吧！”

信徒不解，反问：“我没有带礼品来，你要我放下什么呢？”

赵州禅师随即说道：“既然没有东西放下来，你就带着回去好了。”

信徒更加迷惑：“我什么都没有，带什么回去呢？”

“就带那个什么都没有的东西回去。”赵州禅师答。

信徒满腹狐疑，自语道：“没有的东西怎么带回去呢？”

赵州禅师这时才开示道：“你不缺少的东西，就是你没有的东西；你没有的东西，就是你不缺少的东西。”

当我们对着镜子端详自己的脸时，可以看到我们的脸上是个“苦”字，我们是为吃苦而来，当你认清了这点，把吃苦当作是理所当然，把享乐当成可遇不可求的事，离苦得乐的境界将常存你心中。

我的关照笔记

21 人生中没有永远的敌人，也不会有永远的朋友

我一直相信，朋友和钱就像是鱼与熊掌，经常无法兼得。如果朋友间没有金钱往来或纠葛，友情是存在的，但朋友间只要一扯到钱，不管你借不借，或要不要向人家借，最后都会失去朋友。

有位富商热情、大方，天生爱交朋友，有一次他的好朋友做生意失败，向他借了一百万，即使他表明不要对方还，只要大家仍像以前一样聚会聊天、打球就好了。但是，他那位朋友自此再也没有和他联络，因为，朋友总怕他不知什么时候会忽然想起来讨这笔债。这位爱交朋友的富商感叹地说，他知道当初如不借钱给朋友，这个朋友铁定散了，想不到钱借出去，还是留不住人。

某位大企业家有句名言："人聚则财散，财聚则人散。"这位富商却是财散人也散。

其实，交朋友需要缘分，然而，如果你能仔细去分析这个缘分，你会发现它和天气一样，你永远不知何时下雨、何时放晴，永远不可捉摸。

不幸的是，很多人都想不通这个事实，总是执著贪恋着人与人的关系，殊不知，如果缘尽，即使是恩人也会变仇人，再亲的人如有利益冲突，也会想办法让你在人间蒸发。尤其是，自从出现寿险保单后，谋害亲人诈领保险金的案件层出不穷。

今天是朋友明天可能是仇人，人与人的关系是不稳定的，只要有利害冲突、彼此的想法或需求改变，原有的关系就会生变。因此千万别妄想人生有一辈子不变的朋友或支持者，人生中没有永远的敌人，也不会有永远的朋友。

谣言是动摇人我关系最强的杀手，“曾参杀人”的故事大家都知道。连天底下最珍贵的亲情，也挡不住谣言的唆使，让母亲怀疑起最信任的儿子，动摇母子间的关系，何况是一般人在面对利益冲突、意见分歧时，还会替对方着想，为保持彼此良好的关系，恐怕很难吧！

人与人是用感情来维持彼此间的关系，如亲子间的亲情、男女间的爱情、兄弟姐妹间的手足之情、朋友间的友情等。感情是人生存的原动力，没有了它，就像汽车里的油箱没有油，引擎不能发动，空有车体无法运作，人就像具活死尸在马路上行走。但感情跟着我们的念头走，只要念头变了，感情跟着转向，关系也就变质了。

有个朋友曾经被亲人伤害过，让她日后与人相处，总是保持距离，问起原因时，她眼眶中泛着泪水，才说出那段不愉快的过去：

“从小我姑姑疼我疼到大，我们之间没有辈分上的差别，彼此就像朋友，无话不谈，有时与妈妈闹脾气或沟通不了时，都是由姑姑居中调停。姑姑心地很好，跟每个人都相处得很融洽，为人处世都是我学习的对象。只觉得她嫁错人，姑父是个自以为是的大男人，但姑姑还是能运用智慧和他好好相处。

“今年过年时，发生了重大的变化，姑姑年初二回家过年，却突然对妈妈大呼小叫、嫌东嫌西的，甚至陈年旧事也搬出来批判一番，后来还将我姐姐也搬出来数落，说她念到研究所，还不知感恩图报……我在一旁听了傻眼，怎么好好的一个人，从菩萨变成了恶魔。后来，妈妈和姐姐只要想起那天的情况，就难过得落泪，虽然我没被批判到，但间接也受到伤害。之后，我们就跟姑姑划清界限，不再往来。后来才知道，原来是因为爷爷将大部分财产给了我爸，姑姑心有不平，借题发挥。从这件事后，我发觉人心难测，不值得相信。这事情已过了四年了，伤痛还在，仍然无法抹去。”

然而台湾最近却有个很奇特的现象，每到选举就闹出分裂的现象，大环境是派系、族群间的对立，而小团体因双方支持的政党不同，父子吵着要脱离关系，夫妻不合要离婚，朋友间则是党不同不相为友。看到这些现象，我实在想不通，事情有这么严重吗？为了个不相干的人，破坏了感情，这么拼命的支持，换来的又是什么呢？区区的政治理念不合，就一拍两散，彼此间关系竟是如此的薄弱。

曾听过有位老婆婆已经一百多岁了，一生照料贫病老人，从不间断，每天笑口常开，依然散发出年轻活力。有人赞扬她，她只是笑笑，淡淡地回答：“我所做的只是很平凡的事，就好像当有人渴了，我就自然地倒水给他喝。这是一种本能，我从不把它看成是一种成就。”

有人问她有没有遇到令自己难过的事，她回答说：“如遇到不好、不平的事，就当作看到陌生人，不理它就没事了。”在她的眼里没有好坏之分，心中无所求，所以一生过得很快乐。

古人有云：“君子之交淡如水，小人之交甜如蜜。”君子是以自然无求的心与人相处，互相尊重关怀，感情才能长存，关系才会持久。而一般人与人的关系建立在浓密的感情上，一旦发生变故，就像我那位朋友，心灵上受到严重的创伤，从此亲人变成了仇人。

所以，当你遇到墙头草、背信忘义、见钱眼开、负心的人……你所认为的背叛者，其实他们只是依照人性、天性，选择对自己好的方式过日子。没有所谓的对与错，事事两难全，只是你一时间难以接受这个转变，未想到其中的奥妙，只知心灵上受到伤害，忘了人最初的本性。

换个角度，遇到不顺眼、找麻烦、让你处于备战状况的敌人，反而是激发你潜能的恩人。因有他们的存在，逼着你去面对处理问题，让你动脑筋，想办法应对他们，无形中，增长你处理事情的能力。

人与人之间的关系，和天气一样多变，因为心是无常的，会随境而转。若能将广告名言："不在乎天长地久，只在乎曾经拥有。"运用在这微妙的人际关系上，你就不会因关系的变化而痛苦，从容活在与人相处的美好时光中。

我的关照笔记

22
心一直在忙外界的事物，就会处于不定的状态

很多人有了钱，就想买个豪宅，突显自己的身份地位。事实上，有了豪宅，也只是暂时得栖身之所，别以为它就等于安定，可让你一世无忧。

曾听过一位朋友说，有钱买豪宅有何用，买了却不敢住：有对医生夫妻，两人努力工作赚钱，存了十年的积蓄，终于如愿以偿，买到梦想中的豪宅，想要好好享受人生，从此过上舒适的生活。

某夜，遇到台风天，风雨交加，屋子里的天花板开始滴水，窗户边也渗水进来，两人忙着找桶接水，拿布堵水。看到窗外山上的土石流，如瀑布直下，两人害怕得睡不着觉。忙了一整夜，台风走后，两人趁着天晴，急忙搬回旧家。从此，那栋豪宅只在假日白天时，两人去渡个小假，不敢再过夜。而我那位帮他们打扫的朋友，一星期去五天，反而待在豪宅的时间比他们还久。

也曾看到一则报道：风靡全球的足球明星贝克汉姆，花了一亿多美金买下一栋豪宅，竟然是个频频闹鬼的凶宅。前屋主不知何故在豪宅内举枪

自尽，死后幽魂在豪宅附近徘徊不去，不少邻居声称看过前屋主鬼魂在附近出没。贝克汉姆听闻后，打死也不愿住进豪宅，宁可住进旅馆或借住朋友家中，也不愿冒险去自家豪宅。

俗话说："大厦万间，夜眠不过八尺。"拥有了几千甚至上万平方米的房子，却连踏进门口的勇气都没有，更谈不上睡一场无忧无虑的觉了。试问，拥有了它又有何用，只会让你荷包失血，心痛而已。

有些人则对现有环境产生不安定感，就想移民，以为到了别的国度，就可以找到安定的生活。曾听过有朋友帮小孩算命，算命师说小孩要去别的国度，才会有更好的作为、发展。夫妻俩就信以为真，开始到处搜集资料，评估哪个国家的治安、环境比较好。终于让他们找到理想的国家，办好一切手续，举家移民过去。

两年后，突然接到朋友的电话，原来他们搬回了台湾，留小孩在那里念书，因住不习惯加上年纪一大把了还要学另一种语言，实在太吃力了，他们觉得还是台湾好，所以又搬回来。最近又听朋友抱怨，他小孩还在国外念大学，与他同年纪的同学，早都在上班赚钱养家了，而他还在苦读，迟迟无法毕业。

这让我想起小时候的年幼无知，听长辈说"外国的月亮比较圆"，从那刻起，在心中立下志愿，长大后一定要出国看月亮。等到大学和同学自助旅行去美国，抬头认真地看看天上的月亮，发现其实不都一样，也只因纬度的关系，看起来比较大而已。

长辈的那句话只是说明人心中的不安定、不满足感，总有错觉，认为环境变了，什么事都可改变。岂知内心的不安定感没去除，即使到了极乐世界也不会安住。

有一则网络笑话：有一人身亡，天使来带走他的灵魂，便问他说，你要去天堂还是地狱，那灵魂想了一下，在生时都说死后要上天堂，天堂很快乐，便回答天使说："我要上天堂。"天使说："不然这样好了，你先去地狱天堂各住一星期后，再回答我。"

天使就先带灵魂去地狱，一开地狱门，灯红酒绿，派对、跳舞，大家开心得不得了，玩得很快乐，灵魂就这样在地狱住了一个星期。一星期的期限已到，天使如期来带灵魂上天堂，灵魂依依不舍和地狱的朋友们告别，跟天使离去。一开天使门，里面很宁静，令人很舒服，灵魂就在天堂住了一个星期。期限又到了，天使依约来带灵魂，问灵魂考虑要去哪里。灵魂心想，天堂虽好，但是过得很单调，还是地狱比较热闹、有趣。因此，灵魂不假思索就告诉天使："我要去地狱。"

天使好心地问："你确定吗？"

灵魂很坚决地告诉天使："我确定了。"

天使就带灵魂去地狱，一打开门，灵魂觉得奇怪，怎么一片漆黑，怎么每个人都愁眉苦脸，疑惑地问天使："前一个星期，大家不是都玩得很开心，现在怎么变成这样？"天使面带微笑跟灵魂说："之前你还在适用期，现在你已是正职了。"

我们的一生都很忙碌：小时忙着读书、跑补习班，为了要有好成绩，考个好学校，忙着死背活记，把课本里的东西硬塞在脑中；进入社会后，忙着找“钱”途、置产，忙着跳槽到理想的公司；退休后也没闲着，有的是忙着带孙子，忙着到股票市场，盯着屏幕看数字变化，忙着到处找风水看地理，死后埋在哪里最好，可让后代升官发财。

因为，我们的心都在忙外界的事物，才会一直处在不定的状态，如烛火一般，只要受风一吹，就摇摆不定，杯弓蛇影，处于恐惧之中。也正因心中的不安定感，就想找个安定的东西，希望自己能够安定下来，过着免于担心害怕的日子。

古代有一个和尚，听到其居住的村庄遭强盗洗劫，和尚有感平日村民们的照顾，决定要救渡村民，便独自前往强盗的巢穴，结果被强盗捉了起来。

当强盗要砍他的头时，和尚说道：“你们要杀我可以，但总要让我吃饱啊！和尚死了没人祭拜，会变成孤魂野鬼的。”

强盗们心想：反正活不成了，就拿了许多鸡鸭鱼肉给和尚吃，和尚也不在意，将所有食物统统吃光了。

强盗们看了很高兴，打从心底欢喜，心想：“我们这些强盗是坏人，没想到你这个和尚也是坏和尚！”

和尚吃完饭后又对强盗要求：“虽然我现在不会变成饿死鬼，但死后还是没有人祭拜啊！你们拿纸、墨、砚台来，我自己写祭文自己念。”

那些强盗认为反正有好戏看，也就顺着他的意思。

和尚念完祭文后，对强盗说：“你们可以杀我了！”

结果强盗说：“你很可爱，我们不想杀你了！”

于是和尚顺应时机说：“不杀我有个条件，你们要做我的徒弟。”

结果每个强盗都很欢喜地拜他为师，也平息了村庄的灾难。

世上没有安定这种东西，只要人能肯定自己，不被五欲六尘的境界牵着鼻子走，就像和尚般，心能安住在不惧不畏中，强盗遇到你也没辙，世界末日来了，你也不怕。

因此，你会是天堂还是地狱的正职人员，就在你的心能否安定下来，不受五欲声色的诱骗，保持平稳宁静的觉知中。

我的关照笔记

23
钞票买不到真相，只能买到错觉

信任、爱和感情，甚至小孩天真无邪的笑，都无法用钱去买。

用钞票买东西，其实也只是个假象，我们以为买到很多东西，其实我们什么东西也没买，也没有什么东西被卖，我们一直在玩过家家游戏。

在古代，人与人之间是以物换物，我们家有米，就拿米换你们家的鸡，各取所需，生活过得很单纯。后来人类订立了游戏规则，通过钱来进行交易，只是渐渐地，却变成用“钱”来衡量一个东西的价值，原来以它来买取物品，现在演变成以拥有它的数量，作为财富的指标。人心开始丕变，为了钱产生斗争，变得面目可憎，为了它可以六亲不认，作奸犯科，甚至引起杀机。我想，当初发明“钱”这个游戏规则的人，若知道因这项规则，人心会变得如此恐怖，我想他也会废除这项规则，就像诺贝尔发觉他发明的炸药，变成战争的武器而深感后悔。

现今，钱和空气一样的重要，一睁眼，所看得到、用得到的东西，无非要用钱来换得，喝的水要钱、吃的东西要钱、躺在家里也有开销，感觉上没了钱，就无法活在这世上。因为样样要钱，处处就有商机，才会有三百六十五种行业，让你贡献你的能力，换取应有的报酬。虽然赚到了钱，却也怕花钱。

钞票有四只脚，人只有两只脚，怎追得过、守得住它，反而是我们被它困住，怕它跑，只要钱一出我们的手，心就挂在那，心疼又少了一张，存款数字又变少了。换个角度想，对方因拿到你的钱，可以养家活口，三餐有着落，妻子小孩不用流落街头，你是救了一家人的性命，能用这种心态去看待金钱的流转，你会花钱花得很快乐，不会被钱所困，不会变成守财奴。

有个故事就说到一个生性悭吝的大地主，家财万贯，摆在家里，怕人偷走；借给人家，又怕被倒账。所以，他就决定去买黄金，埋在庭院里的一棵树底下，以掩人耳目。可是，埋了黄金之后，他又生怕被人发觉而盗走，所以一天都到那个地方看三次。这种不寻常的举动，很快地就引起“有心人”的注意。

一日清早，他才睡醒，就到埋黄金的那棵树下去。一看，竟然发现地面有被翻动的痕迹，担心之余，赶快找来铲子挖挖看，挖遍了整个地面，就是不见黄金，他忍不住坐在地上放声痛哭了起来。

旁人听了，赶紧过去问他到底发生了什么事。问明原委之后，熟知富翁习性的邻人，就捉狭似的对他说：“我还以为发生什么天大的事情，那还不简单，拿些石头，外表涂上金漆再埋回原地不就得了！”

“什么？要我埋石头？我这黄金是可以用的，石头算什么！”

邻人又说了：“黄金本来是可以拿来造桥，铺路，救济穷人，让他们生活好过一点，是可以用的没错，可是你一直将它埋在那里，跟埋一堆石头有什么两样？更何况，埋黄金会被盗走，石头可就不会了。”

钱要用才是自己的，有钱却不会用，就是世间最贫穷的人。你不会使用它，就像涂上金漆的石头，只是存簿上的数字，失去了它的利用价值。钱不迷人人自迷，能够看清楚钱本身和我们的关系，好好运用它，你也可以享受拥有它，使用它的乐趣，而不被它迷惑。

最近看到一则报道：一位少女国中时，已赚进一百万，却将钱投入公益。这位少女家境并不富裕，父母只是摊贩，小时因为贫困没有钱上幼儿园。母亲卖掉唯一金饰，并借贷一些钱，才让她拥有第一部计算机。她钻研计算机的动力，是为了帮助人。当时只有小学的她，已自行学会架设网站，之后她利用计算机帮人架设网络，赚取费用，国中一年级就赚进一百万元，却将这笔收入投入公益活动，帮忙架设免费教学网络，帮助失学的孩子就学或者课后辅导，等等。目前念高中的她，下个愿望还是赚进一百万，继续做公益。

一般人把钱当成幸福的来源，可是我们在这位少女身上看到的是，钱只是个让她实现帮助他人梦想的工具而已。一般人是拥有了钱却还是不快乐，但她却是花钱比赚钱还要快乐，因为她了解一个道理，钱只是个工具，不是快乐的来源，唯有运用它，让它发挥功能，帮助因缺钱而受苦的人，才会感到幸福。

所以，钞票不是万能的，不能买到任何东西，例如：钱可买到营养品，但买不到健康；钱能买到山珍海味，但买不到食欲；钱能够买到化妆品，但买不到青春；钱能买到豪宅，却买不到家；钱能买到钻石，但买不到爱情……

有形有相称为钱、钞票，无形无相叫做财富，而财富不是钱的堆积。例如：你到公司上班，上级交代的事，你能够有条有理的处理好，有责任心，责任心就是你的财富；当你坐公交车时，发现老人家没位子坐，你能让位给他，这份爱心就是你的财富；你能爱惜资源，随手关灯，节约用水，节俭就是你的财富；当别人指正你的过失时，你能够坦然接受，并反省改错，反省就是你的财富；你把自己小孩教好，有礼貌，品性良好，不会到处惹是生非，安分守己做人，你的教育就是给孩子的最大的财富。

钱是有相的，死后带不走，但财富是无相的，是你能拥有的无价之宝，生生世世跟随着你。

所以，我们应趁着拥有人身时，好好赚取我们的财富，而不是去追钞票，钞票再多也会有用完的一天，而财富才是我们最大的资产，能让我们取之不尽，用之不完。

我的关照笔记

24
名气是水，能载舟也能淹死你

无知的人太过于渴求名气，只会为自己带来枷锁。一个人出了名，做好事大家肯定，但有小错，人家也会用放大镜来苛责你，甚至没事也把你贴标签，嫁祸于你，这是不自然的。

相同的，一个人渴望出名，也是不自然的。因为如果表里不一，或外在形象被夸大扭曲，迟早会玩火自焚。

名只是个标签，人可以出名，但必须以他最真实的一面让大家认识，否则就是自讨苦吃。

有一次，魏文王问名医扁鹊："你们家兄弟三人，都精于医术，到底哪一位最好呢？"

扁鹊答："大哥最好，二哥次之，我最差。"

文王再问："那么为什么你最出名呢？"

扁鹊答："我大哥治病，是治于病情发作之前，由于一般人不知道他能铲除未发作的病痛，所以他的名气无法传出去，只有我们家的人才知道。”

扁鹊又说：“我二哥治病，是治病于病情初起之时。一般人以为他只能治轻微的小病，所以他的名气只及于本乡里。”

扁鹊再说：“而我扁鹊治病，是治病于病情严重之时。一般人都看到我在经脉上穿针管来放血、在皮肤上敷药等大手术，所以以为我的医术高明，名气因此响遍全国。”

另外，曾经看过一则寓言：

在深山中，住着两位仙人，老仙人非常精进用功，经过多年的苦心修炼后，具足五种神通。另一位年轻仙人，虽然也想成道，但平时只知游玩享乐，所以在修行上毫无所得。

当时，老仙人会以神通力飞到各处参学，所以其他仙人们遇到他，都会送他各种仙果佳肴。老仙人不管获得什么好处，都会与年轻仙人一起分享。年轻仙人见到老仙人总是来去自如、心想事成、人缘广阔，好生羡慕，请求老仙人传授他神通的方法。

老仙人说：“若你心存正念，精进用功，自然就能获得五种神通。若是心怀恶念，有所企求，不但会危害人群，更会自尝恶果。”

后来，老仙人禁不住年轻仙人三番五次的恳求，答应传授他方法。经过一段时间的苦修，年轻仙人也获得五种神通。

好不容易有神通的年轻仙人，总想到处炫耀一番，于是频频找机会前往城里，在众人面前展现种种神通力。众人见到年轻仙人拔地而起，还能腾云驾雾，不禁心生敬仰，纷纷前来供养。因此，他所获得的名利总是比老仙人还多。

年轻仙人并不以此为满足，甚至对老仙人心生嫉妒，到处挑拨离间，诽谤他的声誉。但是老仙人总是淡淡一笑，不以为意，他相信终究会有水落石出的一天。后来，年轻仙人因为常起嗔心，心怀恶念，逐渐退失了神通力。

年轻仙人失去神通力的消息很快传开了，人们终于看清事情的真相，反过来赞叹老仙人的品格高尚。同时，谴责年轻仙人的心胸狭隘、品德卑劣，全城百姓一致决定将他驱逐出境，永远不许再踏进境内一步。

因此，白居易说，名利像鲍一样，实在好吃，叫人绝对不要吃是做不到的，但是吃了以后，很有可能会拉肚子。孔老夫子也说："唯器与名，不可以假人。"

前阵子有一则新闻：韩国政府的"首席科学家"因干细胞研究，被视为生物医学领域的重大突破，为医界治疗癌症、糖尿病与阿尔兹海默症带来希望，博得国际赞誉。因此，韩国政府不仅提供三百万美元的研究经费，并永久配置警力随扈，保护其安全。两年后却被专家调查小组发现，其研究是假造的，这位科学家除了被起诉外，其"首席"的荣衔也被剥夺。

相反的，当齐宣王把颜斶请到他的官邸，想聘请颜斶当他的政务官员，给他特殊待遇时，颜斶却回齐王："饭晚点吃，肚子饿了，吃什么也美味，这就是山珍海味；出门虽没有车坐，但悠闲散步也很舒服，这种舒服就像有车可坐；没有官位，没有名利，也就不会得罪人，这才是真富贵。”说完，颜斶就转身回家去了。

还有一个故事，在一座寺院住着师徒两人，老和尚不管到哪里，都带着一件袈裟，却不曾把它穿在身上。诵经时就把它放在佛桌上，晚上就寝时就放置在自己的枕头旁。小和尚心中充满疑惑，师父常告诉他说，不要偏好任何事物，可是他却把那件袈裟当成宝，但也不好开口询问。

某天下午，老和尚带着那件袈裟出门，小和尚好奇地跟在身后。

走了一段路后，老和尚坐在一块大石头上休息，也把袈裟放在石头上，小和尚不想再躲了，走向老和尚面前，发现袈裟上有只虫子，正举手要将虫子赶走时，老和尚大声说：“不可无礼！”

小和尚急忙缩手，委屈地说：“我只是想把它赶走，没要杀它呀！”

老和尚心平气和地说：“其实它是你师伯，你师伯在世时，是位有名的法师，因此信徒纷纷请他到处说法。他特别钟爱这件袈裟，每到哪里都一定要穿上它，觉得它能突显他的身份。直到往生时，还对它念念不忘，因而投身成这只衣虫。所以，师父才会告诫你，不要太偏爱任何事物，否则就会落入你师伯的下场。”

名利欲望，就是这样让人爱极恨极的东西，许多人明知它到最后终究是一场空，依然汲汲营营于其上，说到底，名利只是一个符号，目的不就是图三餐温饱?

同样的道理，名字只是父母给予我们的符号，主要用途是让你知道别人在叫唤你，就像“佛”也只是代号，假借这个字来代表一种境界，但凡夫都把“佛”字当成是一个人，而执著于它所产生的相。

所以，佛陀在世时，一再告诫弟子，他未曾说过任何的法，也未曾教过什么，他只是用言语来引导出众生与生俱来的佛性。佛陀不认为自己伟大，也不需要别人对他有特别的尊重待遇，虽然佛陀当时的名气很大，但佛陀只借着名声，随机教化。受到批评、侮辱时，也当无事看待。佛陀只有一个念头，做好自己想做的事，其他的就不管它。

因此，佛陀不为名所羁绊，才能称作如来。我们也把自己做好，其他的交给老天去管吧！

✿ 我的关照笔记

25
每分每秒，每个人都在变

每个人都以为自己不会变，其实，暂且不论思考逻辑，光是你身上的细胞，你体内的血，就无时无刻不在损耗、更新，只是这一天一天的渐进历程不能轻易被发现，只有在一段时间后回首，才知道变得那么多、那么快。

当你看着自己小时候的照片，一定和你现在完全不同，相貌、气质完全变了，你之所以知道这是“我”，只是因为你的自我意识牢牢捉着这躯壳。看得见的皮囊会变，更何况是看不见也摸不到的思绪。变，是世间常态，人们却总是试着说服自己不会变，海誓山盟不会变、天长地久不会变、一生一世更不会变，可是只要你相信了，就等着血本无归。

佛典故事中有这么一段：年关将至，在外云游行脚的佛光禅师，除夕夜里终于回到弟子平遂住的北海道场过年。

禅师回到寺前，只见寺内一片漆黑，敲门也没人响应，他想，平遂应该是外出了，只好盘腿禅坐于寺前等候。

不要把自己寄托在除了这一秒存在，其他时间均未知的人身上。

等了好长一段时间，外边天寒地冻的，同行的侍者受不了，开始在寺院四周察看，终于发现有一扇窗户没上锁。于是侍者连忙爬墙而入，再开门请禅师入寺。

佛光禅师入寺之后，转身交代侍者："把所有的门窗都反锁起来。"又过了一段时间，平遂终于回到了寺中，他掏出钥匙，试了又试，就是没办法把门打开。平遂纳闷地摸摸头，自言自语："真奇怪，这钥匙明明没错，怎么打不开门？难道是这门太久没用，所以生锈打不开？"

他不死心地再扭了扭钥匙，门依然关得紧紧的。平遂不得已，只好从厕所边的小窗子破窗而入，哪知头才刚刚伸入室内，黑暗中突然传来一声低沉浑厚的声音："你是什么人？爬窗做什么？"

平遂吓了一跳，跌坐在地上，心下犯疑：莫非自己走错人家？还是寺内被小偷闯入了？

倒是佛光禅师唯恐平遂过度惊吓，赶快命令侍者开门，把平遂带了进来。

平遂一看是师父回来了，赶忙上前说："师父！刚才弟子真的被吓坏了，师父那一声轻喝，如同狮子吼声，让弟子真不知道谁是主、谁是客了。"

平遂的宾主互易，其实说的是他压根不知道"我"是谁了。明明自己是寺主，被屋内那样轻轻一问，顿然有反主为宾的感觉。

平常执著的自我意识，竟然能这么轻易、这么不知所以然的变了，你还要自欺欺人，说什么不会变的蠢话吗？

有个企业家的女儿，在读书时结识一个穷小子，他们决定结婚，却受到双方父母反对，女方家长理由不难理解，这小子太穷了，配不上自家女儿；那男方家长呢？因为这女孩是个千金大小姐，他们不想要一个需要别人服侍的媳妇。

但是，最后他们还是结婚了，因为小两口不时一哭二闹三上吊，吵着没有对方就活不下去，双方家长没办法，只好让他们结婚。

没想到不到一年，两人竟然离婚了。

男的说，女生结婚就变了，一点也不像谈恋爱时那样温柔、体贴，不时会送点小礼物给他。

女的说男生变得才多，居然要她扫地、拖地、倒垃圾！明明知道她不会煮饭做菜，还要她料理三餐，一点都不像结婚前说的，会好好照顾她。

这些当然都不是离异的主因，最大的因素是男方劈腿，认识了另一个女孩；女方也劈腿，找上一个富二代。他们对彼此的失望，转向别的地方寻求寄托。

那么，一开始的哭闹是什么？只是没有看透的妄想，双方都以为可以把自己的感情和灵魂寄托在对方身上，却不知道，每个人天天都在变，每个人都是随风飘摇的沙人，你连自己的思虑都掌握不住，又怎能希望对方永远不变？

他们刚开始都以为对方是自己的寄托，事实上，在各自的潜意识里，早就知道这是不妥当的，于是显得更为焦虑、烦躁，对方一个错误，就会启动整个除错程序，把对方抹杀，连带抹杀了自己。等到伤心透顶了，才会在风中试图拼回自己被吹散的灵魂。

把自己寄托给另一个人，就像把房子盖在流沙上，可以想见，如果他们不学着看清这一点，即使花一辈子寻寻觅觅，也只是让自己一次又一次陷入流沙之中。

有一位出租车司机，每天都顺着同一条路线载客，这样的路线，没有意外的当然会碰上几位熟客，其中有个客人问他："你明明每天走同一条路，我最近却老是拦不到你？"

出租车司机回答他说："在你看起来，我每天是走同一条路，其实，出发的时间不同，接到的客人也不相同，目的地更不相同，虽然我的出发地一样，目的地也一样，其间的过程却往往天差地远。"

人和人的关系，就如同这个乘客和出租车司机一般，一秒之差，之间的距离就差了几百公里，如果有人硬是执迷不悟，要把自己寄托在除了这一秒存在、其他时间均未知的人身上，那么苦的就只是自己，佛祖下凡也救不了他脱离这个苦。

我的关照笔记

26
不要对任何事情有太深的执著

南怀瑾先生说，学佛的人，其实没什么了不起。像他经过一座小土地公庙，也会拜一下泥巴做的土地公，经过教堂也向耶稣敬礼。

普贤菩萨十大愿中，第一条就是礼敬十方诸佛。诸佛不仅于佛教的佛菩萨，举凡各宗教的神，在这世界的人、动物、山河大地，都是我们要爱惜、尊敬的。学会尊重他人，敬天尊地，是学佛的基本入门功夫。

然而，有人学佛学得趾高气扬，自认为看过几部佛经，会背几句偈，就很了不起。听别人把阿弥陀佛的“阿”字，念成“ㄚ”，批评对方念错了，一定要更正念“ㄜ”才对，还笑对方没常识。不然就把每天念几万声佛号，拜佛几百次，拿来向人炫耀自己的虔诚。为的是要让别人称赞自己，把学佛当成比赛，认为念得多、拜得多、看得多，就可抢到头香，先到达极乐世界。

这种自以为是的人，根本不知道，这样做只会离佛更远。执著于自己的见解、看法，产生自我优越的妄觉，怎么看别人都是不对的，心中产生比较、分别心，心怎么会清净。连最基本的功夫都没做好，怎可以说自己是在学佛呢？

如果你到了四十岁，也是学佛的人，也该是把佛忘掉的时候了。因为佛法所要讲的，就是一个“不住相、不着相”，也就是不要对任何事物有太深的执著。如果你学佛只是为了抱佛的脚，一起进入西方净土，那么，你对佛和净土的执著，就是拉你入地狱的两条锁链。

苏东坡到金山寺与佛印禅师一同打坐，苏东坡觉得身心舒悦，于是就问禅师说：“禅师！你看我坐的样子，怎么样？”

佛印禅师说：“好庄严！像一尊佛像。”苏东坡听了非常高兴。

这时，佛印禅师接着反问苏东坡：“学士！那你看我坐的姿势怎么样？”

苏东坡从来不放过嘲弄禅师的机会，马上回答：“像一堆牛粪。”

佛印禅师听了也很高兴，苏东坡看到禅师被自己譬喻为牛粪，自己终于占上优势，欢喜得不得了，逢人就说：“我一向都输给佛印禅师，今天我可赢了！”

这件事传到苏小妹的耳中，就问道：“哥哥！你究竟怎么赢禅师的？”苏东坡眉飞色舞、神采飞扬地如实述说一遍。

苏小妹听了之后，正色说：“哥哥！你输了！彻底地输了！佛印禅师的心中如佛菩萨，所以他看你如佛菩萨；而你的心中像牛粪，所以你看他才像一堆牛粪！”

苏东坡会以牛粪心看禅师，是为了保护自己的面子，认为我是个学士，是个有名的诗人，怎可输给你，其实是他的自卑心在作祟。

一般人在介绍自己时，常用“我是……”如：我是修行者、我是总统、我是老师、我是父亲、我是老板等。在讲“我是”的同时，内心深处傲慢的心已慢慢升起。因此，当有人不认同自己的意见时，心中的怒气会不自觉油然而生，对他人便产生对立，而引发口角，或就以拳头来解决事情。

前阵子看到一则家庭悲剧：一家卖臭豆腐的老板，晚上睡觉时间到了，就叫儿子去刷牙，叫了几遍儿子不为所动，还是待在电视机前看连续剧。那老板一气之下，跑到厨房，端起滚烫的油锅，走到儿子面前，往头上一倒，儿子当场全身烫伤。母亲看到时已来不及阻止，连忙将他送至医院，虽然无生命危险，但已毁了他的一生。

反观现今劝人向善的宗教，口口声声祈祷，请神佛保佑世界能够和平，却看不惯与自己不同的宗教信仰，信三太子的就批评信释迦牟尼佛的，信释迦牟尼佛就批评信耶稣的，信耶稣的又批评信妈祖的，试问这个世界怎么会和平呢?

如果神佛们有灵，也一定觉得很无奈、很无辜。明明我们都是一家人，大家在天上和平相处，和乐融融，可是无知的人们，却拿我们的名义，搞斗争，闹得世界不和平，却又要我们帮他们，情何以堪?

所以，佛陀在《金刚经》劝诫世人，要无我相、人相、众生相，不执著于相，不去分别你我、宗教、地位，心中没有对立，人与人才能和平相处，世间悲剧才会有完结篇的一天。

有位老先生死前的愿望，希望能够往生到极乐世界，因此在世时，每天在佛像前，用功念佛拜佛。到往生时，佛准备来接引他，魔也知道了，就跑来跟佛说："跟你打赌，那老先生不会跟你走。"

佛回问："他不是想去极乐世界，怎可能不跟我走。"魔笑而不答。

后来佛以凡人身的形象，来到老先生面前说："我来接你去极乐世界。"

老先生很疑惑地回答："你看来就像个糟老头，你根本不是佛，我才不要跟你走，我要等真的佛来接我。"

佛摇摇头，离去了。

佛走后，魔暗自偷笑："这老先生真笨，以为身发金光的才是佛，这正是我的好机会。"魔就身现金光，来到老先生的面前说："我是佛，来接引你去极乐世界。"

老先生很高兴地说："我终于等到你来了，刚才那个人身上没发金光，假装是佛，我就知道他是假的，一定是魔来骗我的，还好没跟他走。"

老先生于是跟魔到了一个由老先生自己幻想出来的极乐世界，永不得超生。

事实上，不只是临死之人有这种幻想，活着的人，也是到处拜那些用金铂妆点出来的神像，反倒对路边或荒山里破旧的木头或石头像，看都不看一眼。

禅宗强调“不立文字，教外别传”，为的是怕后世的人，执著于文字中。字不迷人人自迷，放不下经中的文字，只在经典中打转，反而把佛法当垃圾丢弃，堕落于文字障里，爬不出来。

佛经只是后人把佛陀所说的话，转化成文字，就像爷爷说故事给孙子听，主要是为了让孙子从故事中，衍生出智慧，而不是去钻研故事中的字句，框住自己的思维，误解爷爷的意思，浪费了佛陀的唇舌。

佛像也是如此，我们要敬拜的是，佛像背后代表的佛的大智慧和慈悲，而不是那尊木头或铜像，

但一般人总把佛像和佛搞在一起，这个道理，恐怕只有烧掉佛像来取暖的丹霞禅师那类的人，才会懂吧！

✤ 我的关照笔记

后记
觉醒后，你会看见不一样的风景

很多人问我，为什么要觉醒？

当你看清一切实相，当你看清这个红尘，都只是我们心中妄觉幻想的投射，还需要活在这个有情的世界吗？

这个有情世界里，每个人的一生都是在寻求爱人及被爱。在有情众生中，我们可以感受到真情、关怀和许多感人的互动。所有感人伟大的艺术，不论是文学、戏剧或音乐，都是以人的情为出发点。当我们看清一切，把情看透，把人看得一清二楚，再也没有模糊朦胧的美，人生没有任何幻想和期待，那么，为何还要活在这个有情世界？否则，为何我们要觉醒？

是啊！为何我们要觉醒？

如果觉醒过程是痛苦的，觉醒之后是无趣、枯槁的，为何我们要觉醒？

我说，如同一颗种子被埋在土里后，开始发芽、茁壮，接着开枝，接着散叶，结果，这些过程，就是这颗种子的生命历程。

人也一样，从出生到童年，到青年、壮年，以至老死，也都是有很多阶段要经历的。如同种子长成大树，当一个人的灵魂在这世间走到了某一个阶段，就应该觉醒。这个自觉意识，在小孩子及年轻人身上不会出现，因为他们的生命历程还没走到自觉的阶段。就像一个小学三年级的孩子，你硬要教他经济学和心理学，他是不可能理解的。

但同样是这个小孩，等他长大进入大学，这些经济学、心理学或物理学等知识系统，他自然可以理解。别忘了，这些知识系统没有变，而是他内在的东西在变化、成长，是他内在有个东西，让他开始有更高的理解力。这个理解力，随着年纪增长，慢慢就会形成觉醒状态的自我或人格，这就是人为何要觉醒?

自我觉醒是一个生命中自然会出现的历程，当我们在这有情世界的游乐场，玩了三四十年的游戏，难道你不想知道是谁设计建造这些游戏？难道你不想搞清楚，并超越这个游乐场带给你的种种苦痛吗?

觉醒，并不代表无情或无人性。过去沉睡时，看山是山，觉醒后看山不是山，这是很自然的事。一个人自然地走到了觉醒的历程，却故意逃避不想醒，才是违反自然的。

当我们觉醒，我们还是可以继续在这个有情游乐场过日子，但我们将具有更强的洞悉力和察觉功夫。我们知道游乐场的种种设施都是人造的，都是假的，我们就能以一种觉醒的状态来玩这些游戏，不一样的是，我们再也不会沉迷在里面，也不会执著或强求一定要再玩几次。

慢慢的，我们的角色好像就会变成游乐场的工作人员或管理员，没错，我们还可以和很多小孩子一起玩游戏，甚至我们只是在旁边照顾他们，这就是觉醒者的角色。如果你肯上进再深造，总有一天，你会成为这个游乐场的董事长或设计者。

老实说，游乐场的管理者就等于佛家里的菩萨，菩萨的梵文翻译成中文，就是有情的觉悟者。他已经彻底觉醒了，但仍对这有情世界的众生有关怀之情，有一份想留在这世间等待时机叫醒一些该醒众生的慈悲心。

他留在人世间，他还是可以感受到有情世界的种种感人现象。人世间的情爱、互信、眷恋、亲情，他都能感受到，但他不会受这些现象牵绊和干扰。他的有情，是为了告诉众生，这些东西都是假的，这些游戏都是假的，不要再迷恋强求，不要再为此折磨自己、伤害别人。时间到了，该觉醒就赶快醒来，这场游戏玩够久了，该开始做功课了，用心地去学习这些功课，才是我们来这个游乐场的目的。

我们到这世间，不是来玩的，而是来做功课的。

这就是我的答案。

这也是我写本书想告诉大家的，只有觉醒，我们才能以觉醒状态及慈悲的心，悠游在这个有情世界，离苦自在，同时尽力帮助那些该醒来，却还一直在睡梦中受尽折磨的有情众生。

觉醒的人，并非是槁木死灰的无情之徒，反而是心中满溢慈悲的多情之人。虽然，他同样可以感受到人世间的情爱和各种情绪，但他不会假戏真做，他不会再活在各种苦痛中。他还是要吃饭、睡觉，洗碗、上班，也会生老病死，也要缴水电费和税，只是他看透了这一切只是游戏，他能保持觉知地自在活着。或许他无法成为菩萨，但至少他不会再活在受尽折磨的噩梦中。

佛说，每个人都有佛性，我也是，你也是，差别只在于有没有勇气去醒过来。老实说，醒来没有什么好处，但该醒不醒则是自找苦吃。

如果可以，希望你可以和我一样，在四十岁之前醒来，然后以一种豁达姿态，悠游在这个世间。

这就是观自在的境界，也是《金刚经》想告诉我们的最核心的讯息，如果你是有缘人，不妨一起来睁开眼睛，进入生命的另一个全新历程。

吴九箴语录

- 自欺，是一颗不停再生的黑痣，不停地从我们内心钻出，腐败。这个实相，过去千年不变，未来也不会变。自欺愈深的人，愈无法平静和喜乐。这是佛陀在许多经典中，一再强调的实相。

- 妄想着永远占有某个人，或妄想全世界的人都应该喜欢你，妄想青春永驻，这些都是让人陷在苦牢的枷锁，也是我们看不见的黑痣。所有的恶痣，都反映着内在的苦。

- 我们从一出生，就一直用自己的主观、独特观点和期待，来看这个世界。我们心里的世界，和这个现实的物理世界，其实是天差地别的。
- 事实上，这些我们所定义的厄运，反而可以让我们看清楚，原来至亲的家人也可能反目成仇，你最爱的另一半也可能背叛你，事业、名利、车子、豪宅和股票，以及朋友之间的交情，都是万般因缘组合而成的现象，只要有一点阴错阳差，一点风吹草动，全部就化为泡影。

- 我们都因为有我执的存在，才会以我为主，以我为本位，也才会有“你”的出现，如此就有人相、众生相。我们心中一旦有了其他人的存在，就有分别心，各自有各自的想法，只要每个人坚持自己的立场、看法，这个世界就不会有各自相安的一天。

- 只要你能提起勇气，丢弃我执、我的意见、看法，不着相，也就是无我，才能达到《心经》上所说的不生不灭，那才是我，是生命中真正的我，而不是在刹那间变化的肉体上的我。

- 当我们真正认识我的存在，了解到生命的本质，看清楚了，你会发现原来你是你，也不是你。当你不存在了，自然的，你的苦也就不存在了。

- 永恒是人们心中普遍都有的错觉，你可以把它当麻醉药，也可以把它当神话或寓言来哄小孩或情人，但年过四十，千万不要把永恒当真，因为，那将是你人生所有苦痛的来源。

- 人是无常的，万物也都是无常的，总有一天会消逝或变质，一旦无常来临，你的寄托就崩溃了，就像我们把房子盖在流沙上，总有一天要被崩塌的房子压死。

- 我们的“自我意识”这个程序是不完美的，它会让我们迷失在自我的假象里，让我们以为一切都是真的、永不消逝的，然后为所拥有的东西所苦，害怕失去，害怕不符期望。事实上，这些东西只是虚妄，你所在意的，也只是俗世的一粒尘埃被过分放大。

- 痛，是消除你幻觉妄想最好的东西，痛愈多愈容易清醒，苦和乐，都是自己创造出来的，只有自己觉得苦，才是苦，相对的，自己觉得喜乐的，一切都是美好的。

- 其实，世间万物根本没有美丑之分，美好是我们创造出来的，丑陋也是我们定义出来的。美丑、好坏或善恶，都是我们贴上去的标签。

- 生命是美好的，如果没有死亡，你就会觉得活太久是折磨。青春是迷人的，如果没有老化，你也会觉得永远只演一个角色，就像一些连续剧演了几百集“拖棚”一样，平淡而无聊。

- 天下没有不劳而获的事，成果不是凭空得来的，看似美好的事物，背后往往藏着看不到的真相。

- 你把某人当成至亲无私的自己人，忘了他也有求生的本能，他也有需求和欲望。为了活下去，或许在紧要关头，他也可能牺牲你，他也会背叛你。你会痛苦，但不能怪人家，一切都是你自己的妄想害死你自己的。

- 人与人相处时，总是有一种甜蜜的幻想，不管是男女、亲情、朋友间，都会对彼此间的关系寄予厚望，以为有了关系的存在，就等于有了安全保证，但没有一份关系能够永保平安。

- 往往最亲近的人，是伤害我们最深的人，其实并不是他们伤害你，是你自己只想活在过去的记忆里，死守着别人对你的承诺，因为你怕被抛弃，害怕孤单。

- 我们眼睛总是只能向外看，看到别人却看不见自己，所以我们对别人的了解甚过于自己，也只看到别人对我们不好的部分，却看不到自己伤害别人的地方，这是人性的一部分。

- 每个人有他自己的生存权利，你改变不了别人，所以你要改变自己。然而一般人却很喜欢去接球，只要别人抛出了一句话、一个动作，我们就跑去接，情绪就直接反射出去，让自己陷入歇斯底里的状态，活得不自由。

- 觉醒的人不是不能有爱，反而是懂得什么才叫爱，他知道爱不是去控制、占有别人，也不是去改造别人，而是尊重对方的因缘和个性，彼此互相照顾、成长，而又不被世俗的爱的错觉牵绊，两人拥有爱，同时也拥有自由和独特性格。

- 饿鬼道的特质，就是吃愈多，反而愈饿；欲望愈强的人，拥有愈多，反而更觉得不足和空虚，就像失智的老婆婆，吃过饭了还要再吃。

- 物质上的富有，只是暂时性感官上的满足，在心灵上却只会更加空虚、不安，因有了还想要更多。

- 从物理学的角度来看，时间是不可逆转的，过去已经发生的事，也是不可逆转的，一个杯子被打破了，即使你修补得再漂亮，它也已经不是之前那个杯子了。因此，不要执著于过去的事情，也不要妄想时光可以倒退。

- 过去那些跌跌撞撞、惨不忍睹或是美不胜收的画面，只是要让我们开悟用的，经历过那些事情，你才会知道要改变，才会去珍惜当下，但我们却把过去当成收集痛苦的相簿，放在脑子里，有事没事就拿出来翻阅，在自己的心灵伤口上撒盐，残害自己。

- 其实，时间本身是没有差别的，所谓的过去、现在、未来，只是我们头脑所产生的错觉，真正有觉知的人，只有一个时间，就是当下。

- 我们必须明了：所看到的万事万物，都只是因缘假合而存在，不管是快乐的、如意的、悲伤的、痛苦的，都会因为时间的行走而有所变动，只有自己去面对自我，觉悟出自己要为自己而活，不再依赖身外之物，你才能走出轮回的迷宫。

- 形体上的美如同幻灯片，没有了电，没有灯泡和银幕，即无法显现一切，只是张图像，没有任何意义。美，不只是一种艺术，也是一种感受，当你心中有了美的感动，放眼望去，自然无处不是美。

- 人性和欲望是活的，这也是为何法律永远无法完全掌控人的行为，因为人是活的……不管时代多进步，别忘了，欲望才是决定成败祸福的关键。

- 科技是进步了，生活质量也提升了许多，但我们不要活在错觉中，在看不见的海平面下，暗流法则的游戏规则和运作方式，仍然没有变，因为人性中的阴影面，仍然影响着我们，如果你忽略这个力量，也等于是活在自己的另一种幻觉里，完全不了解现实世界及现实人性的真相。

- 很多人都以为只要忘掉痛苦，记住快乐，人生就可以幸福，但现实人生却是相反的，很多人容易忘掉快乐的事，痛苦的事却一辈子忘不了。

- 过去是死的，当下才是活的，不要让死的东西控制着我们，忘掉过去，活在当下，你才能脱离苦海，跨进极乐的大门。

- 遇到逆境时要心存感谢，它的出现可以让你重新认识自己，你才有机会还清过去世中，欠人的因缘果报。因我们的智慧不够，只能知道此世所做之事，不了解前一世自己做过什么，唯有它们来找你时，才有机会看到过去的我。

- 太迷恋、太贪爱某样东西或某一个人，不是明智的事，等于是慢性自杀。其实，你迷的只是自己内心投射出来的幻象，它根本不存在，当被你投射的人或东西，无法按你所期待的来配合演出时，你就会崩溃，然后再去找下一个被投射的对象。

- 迷恋的背后动力，来自个人的业力和执著。如同之前或上辈子刷了卡，这辈子要来付账及利息一样。如果有人真的迷恋一件事或人，怎么劝也劝不了，不如就让他去体验吧！这也是修行之一。

- 我们的感情一直在寻找需要及被需要的空缺，有它的存在，我们才觉得自己活得有价值、有目的，如同藤蔓必须藉由墙壁才能够生长，靠着外境这面墙，感情才有所依附。

- 佛陀说我们和他一样，都是天上地下独一无二的人，这世上找不到第二个你。因此，先肯定自己的独特，能在单独的自我中得到快乐的人，才会有爱人的能力。

- 一般人都没有智慧去想透，我们所谓的快乐和痛苦是一体两面的，一个手心一个手背，你无法只要快乐不要痛苦，他们永远是买一送一，只要你起心动念想要有快乐，痛苦早就在你心底准备好上场了。

- 困境来时，只要你愿意去面对，先试着承受并用心体验它带来的痛苦，你才会享受到放下它时的快乐；若你不面对，嫌它重不提它，那你就错失一次快乐的机会。

- 出国旅游只是个转换心情的一种方式，不要把它当成是可以解除痛苦烦恼的特效药，不然你的药瘾愈来愈大，将来只好躲到月球去旅行。

- 信任、爱和感情，甚至小孩天真无邪的笑，都无法用钱去买。用钞票买东西，其实也只是个假象，我们以为买到很多东西，其实我们什么东西也没买，也没有什么东西被卖，我们一直在玩扮过家家游戏。

- 钱要用才是自己的，有钱却不会用，就是世间最贫穷的人，你不会使用它，就像涂上金漆的石头，只是存簿上的数字，失去了它的利用价值。

- 无知的人太过于渴求名气，只会为自己带来枷锁。一个人出了名，做好事大家肯定，但有小错，人家也会用放大镜来苛责你，甚至没事也把你贴标签，嫁祸于你，这是不自然的。

- 变，是世间常态，人们却总是试着说服自己不会变，海誓山盟不会变、天长地久不会变、一生一世更不会变，可是只要你相信了，就等着血本无归。

- 佛经只是后人把佛陀所说的话，转化成文字，就像爷爷说故事给孙子听，主要是为了让孙子从故事中，衍生出智慧，而不是去钻研故事中的字句，框住自己的思维，误解爷爷的意思，浪费了佛陀的唇舌。

- “成功”两个字太抽象，是由各种因缘和合而组成，就好像狗在太阳下看到影子，好奇的追着自己的影子跑一样。一般人把成功寄托在别人对自己的期望、注目眼光、口中的赞美声、存簿上的数字里，少了这些，成功似乎就不存在。

- 学佛并不是要变成另一个佛陀，而是你本来就是未成佛的种子，你也可以成佛，你也可以让自己的自我程序升级，而不是要你把自我都拿掉或否定掉。

- 如果，我们没有误认很多东西是永恒的，当我们失去它时，就不会生不如死。

  如果，我们没有永恒的错觉，欣然接受万物都是无常或有期限的事实，我们就会活得很自然。

- 今天是朋友明天可能是仇人，人与人的关系是不稳定的，只要有利害冲突、彼此的想法或需求改变，原有的关系就会生变。因此千万别妄想人生有一辈子不变的朋友或支持者，人生中没有永远的敌人，也不会有永远的朋友。

- 不得罪人是不可能的，佛陀这样的圣者也有敌人。活着，就不要太在意别人的批评，因为，你再用心、慈悲，也无法尽如人意。在说话时，牙齿都会咬到舌头，自己的口舌都难以控制，更何况是长在别人身上的嘴。

- 我们习惯把错加在别人头上，这样可以得到一个错不在己的错觉，以为这样自己就会心安理得的过日子。结果，我们并不因这样而自在，反而更加的痛苦，只像个囚犯，被人操控着自己的情绪。

- 其实，你什么都不缺。欲望是非物质层面的，如果一直想用物质去填补，不但走错路，而且是走到死路。

每個人有他自己的生存权利，

你改变不了别人，所以你要改变自己。